FORSCHUNGSBERICHTE DES LANDES NORDRHEIN-WESTFALEN

Nr. 2220

Herausgegeben im Auftrage des Ministerpräsidenten Heinz Kühn
vom Minister für Wissenschaft und Forschung Johannes Rau

Prof. Dr. Wilhelm Flitsch, Dr. R. Heidhues, Dr. H. Peters,
Dr. E. Gerstmann, Dr. V. v. Weissenborn, Dr. H.-D. Bartfeld,
Dipl.-Chem. B. Müter und Dipl.-Chem. K. Gurke

Organisch-Chemisches Institut der Universität Münster

Imide, Imidoide und Enamide

SPRINGER FACHMEDIEN WIESBADEN GMBH 1972

ISBN 978-3-531-02220-8 ISBN 978-3-663-19751-5 (eBook)
DOI 10.1007/978-3-663-19751-5
© 1972 by Springer Fachmedien Wiesbaden
Ursprünglich erschienen bei Westdeutscher Verlag GmbH, Opladen 1972
Gesamtherstellung: Westdeutscher Verlag

Inhalt

Einleitung 5

A. Imide 6

　I. Allgemeine Eigenschaften 6
　　　Bindungen, Konformationen 6

　II. Physikalische Eigenschaften 7
　　　IR-Spektren 7
　　　UV-Spektren 8
　　　NMR-Spektren 10

　III. Imid-Synthesen 10

　IV. Reaktionen 11
　　　Alkalische Hydrolyse 11
　　　Reaktionen der Imide mit Grignard-Verbindungen 16
　　　Reformatzki-Synthesen 19
　　　Hydrazinolyse der Phthalimide 21
　　　Wittig-Olefinierungen an Imiden 22
　　　Anomale Reformatzki-Reaktion der Imide 23

B. Imidähnliche Systeme 25

C. Enamide und ihre Vinylogen 27
　　　Synthesen 28
　　　Konfigurationszuordnungen 31
　　　Relative Stabilität der Isomeren, Isomerisierungsreaktionen, Protonierung
　　　vinyloger Imide 34
　　　Abhängigkeit der Konfiguration vom Syntheseweg 36
　　　Reaktionen 38
　　　a) Nucleophile Reagentien 38
　　　b) Elektrophile Reagentien 40

D. Ring-Ketten-Tautomerie der γ-Ketoamide 41
　　　NMR-Spektren 42
　　　IR-Spektren 44
　　　Strukturabhängigkeit 45

E. Acylimine 47
　　　Das Resonanzsystem 47
　　　Synthesen 48
　　　Intermediäre bei chemischen Reaktionen 50
　　　Substituenteneinflüsse 51

Literaturverzeichnis 52

Einleitung

Zu Beginn der hier beschriebenen Untersuchungen suchten wir nach Möglichkeiten einer Imidolefinierung:

I   II

Da Imide allgemein leicht zugängliche Verbindungen sind, ist die Reaktion von präparativem Interesse. Sie läßt sich, wie im folgenden gezeigt wird, auf verschiedenen Wegen durchführen.
Erste Hinweise konnten der Literatur entnommen werden. Zahlreiche Arbeiten, vor allen Dingen von LUKEŠ und seiner Schule [1], beschäftigen sich mit der Reaktion der Imide mit Grignard-Verbindungen, die zumeist mit einem Moläquivalent der metallorganischen Verbindung unter Bildung von Ketoamiden oder ihren cyclischen Tautomeren verläuft.

III

Aus den Addukten III entstehen durch Wasserabspaltung Enamide I, die die erste Stufe der Imidolefinierung repräsentieren.
Abweichungen von dieser Reaktion wurden genau studiert in der Hoffnung, eine Reaktion zu finden, bei der ein Angriff von *zwei* Molekülen der metallorganischen Verbindung an *beiden* Carbonylgruppen erfolgt. Es kann bis heute noch nicht sicher entschieden werden, ob diese Reaktion überhaupt möglich ist [2].
Gezielte Versuche zur Olefinierung von Imiden sind ohne eine genauere Kenntnis des Imidsystems nicht möglich. Daher wurden zunächst die allgemeinen Eigenschaften der Imide und vor allem ihr Verhalten gegenüber nucleophilen Reagentien ausführlich studiert. Diese Untersuchungen sind im Kapitel A beschrieben.
Die Zweitolefinierung (I → II) ist an Carbalkoxymethylenlaktamen V möglich, die aus Imiden durch Reformatzki-Reaktion erhalten werden [3].

IV   V

Die Reaktion dieser Verbindungen mit nucleophilen Reagentien erfolgt an der »Amid«-Carbonylgruppe. Mit metallorganischen Verbindungen konnte so eine große Anzahl vinyloger Imide und Urethane erhalten werden, deren Struktur und reaktives Verhalten untersucht wurde (Kapitel C).

Andere imidähnliche Verbindungen werden im Kapitel B beschrieben.

Die Reaktion der Imide mit metallorganischen Verbindungen setzt eine genauere Kenntnis der Struktur der intermediär entstehenden Ketoamide III voraus. Untersuchungen zur Ring-Ketten-Tautomerie dieser Verbindungen, die das theoretische Fundament hierzu liefern, finden sich im Abschnitt D.

Die im Kapitel E beschriebenen Acylimine sind vor allem als Intermediäre der untersuchten Reaktionen (cis-trans-Isomerisierung der β-Enamido-carbonester: Seite 34, Protonierung vinyloger Imide: Seite 35, Dehydratisierung der Ketoamide zu Carbalkoxymethylenlaktamen: Seite 37) von Bedeutung. Erste Untersuchungen gestatten einen Überblick über diese Verbindungen.

Die Phenylgruppe wird im folgenden durch das Symbol ∅ gekennzeichnet.

A. Imide

I. Allgemeine Eigenschaften

Bindungsverhältnisse, Konformationen

Die Imidgruppe kann durch folgende Mesomerie beschrieben werden:

VI

Alle an der Mesomerie beteiligten Atome sollten planar angeordnet sein. Nach neueren Untersuchungen [4] muß man jedoch annehmen, daß die drei Valenzen des Stickstoffatoms eine abgeflachte Pyramide bilden.

Die Bindungsverhältnisse im Imidsystem würden hiernach durch zwei energetisch gegenläufige Faktoren bestimmt:

1. die oben angegebene Mesomerie, die maximal wirksam wird, wenn alle Atome des Imidsystems in einer Phase liegen,
2. die Umhybridisierung des Stickstoffatoms vom p^3-Zustand zum sp^2-Zustand.

Eine starke Abweichung der Atome des Imidsystems von der planaren Lage hat jedoch anomale Eigenschaften der entsprechenden Verbindung zur Folge (siehe dazu Seite 10, 15, [20]).

Die Mesomerie VI erklärt die Acidität der Imide und ihre Reaktion mit nucleophilen Reagentien [5].

Imide können eine der drei folgenden konformativen Anordnungen einnehmen.

VII: „cis — cis"   **VIII**: „cis — trans"   **IX**: „trans — trans"

Eine Bestimmung der Konformeren gelingt mit Hilfe der Dipolmomente und der optischen Eigenschaften [6]. Offenkettige Imide liegen im festen Zustand in der »trans-trans«-Konformation IX vor, während im flüssigen Zustand die »cis-cis«-Anordnung VII die stabilere ist [6 b, c]. Untersuchungen über die Überführung Konformerer ineinander, etwa mit Hilfe NMR-spektroskopischer Methoden, sind nicht bekannt.

II. Physikalische Eigenschaften

IR-Spektren

Imide zeigen zwei CO-Valenzschwingungsbanden, die durch Schwingungskopplung verursacht sind [7]. In substituierten Phthalimiden wird die Lage beider Banden vom Substituenten im aromatischen Ring bestimmt. Der Substituenteneinfluß wird durch die Hammett-Gleichung erfaßt [8]. Die Verschiebung beträgt etwa 20 cm^{-1}/σ [9].

Tab. 1 CO-Banden substituierter N-Methyl-phthalimide
(ν_{CO} in cm^{-1}, KBr-Preßlinge)

X	CO$_I$	CO$_{II}$	σ_m [9]	σ_p [9]	CO$_I$–CO$_{II}$
H	1755	1720	0	0	35
3-NO$_2$	1775	1710	0,71	0,78	65
4-NO$_2$	1770	1720	0,71	0,78	50
		1705			65
3-Cl	1766	1705	0,37	0,23	61
4-Cl	1765	1705	0,37	0,23	60
3-Br	1760	1706	0,39	0,23	54
4-Br	1760	1707	0,39	0,23	53
3-J	1762	1705	0,35	0,28	57
4-J	1762	1700	0,35	0,28	62
3-OH	1760	1700	0,10	—0,36	60
		1690			70
4-OH	1760	1685	0,10	—0,36	75
3-OCH$_3$	1760	1700	0,12	—0,27	60
4-OCH$_3$	1765	1700	0,12	—0,27	65
3-NH$_2$	1744	1690	—0,16	—0,66	54
4-NH$_2$	1750	1690	—0,16	—0,66	60
3-N(CH$_3$)$_2$	1755	1685	—0,21	—0,60	70
4-N(CH$_3$)$_2$	1755	1697	—0,21	—0,60	58

Besonders deutlich wird der Substituenteneinfluß bei 3,6-disubstituierten Phthalimiden.

Tab. 2 ν_{CO}-*Banden 3,6-disubstituierter N-Methyl-phthalimide*
(ν_{CO} in cm^{-1}, KBr-Preßlinge)

Substituent	CO$_I$	CO$_{II}$	$\sigma_m + \sigma_p$ [9]
NO$_2$	1786	1725	1,49
Cl	1775	1722	0,60
Br	1763	1715	0,62
OH*	1738	1680	— 0,26
OCH$_3$	1760	1705	— 0,10
NH$_2$*	1720	1673	— 0,82
N(CH$_3$)$_2$	1740	1690	— 0,81

* Es besteht ein Einfluß innermolekularer Wasserstoffbrücken auf die Lage der ν_{CO}-Banden.

Die Ringgröße beeinflußt die Lage beider CO-Valenzschwingungsbanden in gleicher Weise: Fünfring-Imide zeigen Absorbtionen bei höheren Wellenzahlen als Sechs- und Siebenring-Imide [10]. Bei bicyclischen Imiden, die Stickstoff als Brückenatom haben und zwei verschieden große Ringe aufweisen, ist mit dieser Regel eine eindeutige Zuordnung der nunmehr entkoppelten Carbonylbanden möglich [10a].

Tab. 3 IR-Spektren cyclischer Imide
(ν_{CO} in cm^{-1}, KBr-Preßlinge)

Verbindung	CO$_I$ 5-Ring	CO$_I$ 6(7)-Ring	CO$_{II}$ 5-Ring	CO$_{II}$ 6(7)-Ring
1a	1760	–	1690	–
1b	–	1718	–	1670
1c	–	1715	–	1664
2a	1765	–	1690	–
2b	1757	–	–	1667
2c	1756	–	–	1668
2d	–	1737	–	1657
2e	–	1729	–	1656

1 a) $n = 1$
b) $n = 2$
c) $n = 3$

2 a) $m = n = 1$
b) $m = 1, n = 2$
c) $m = 1, n = 3$

d) $m = n = 2$
e) $m = 2, n = 3$

Die relativen Intensitäten der CO-Valenzschwingungsbanden werden vom Substituenten am Stickstoffatom des Imidsystems bestimmt [11].

UV-Spektren

UV-Spektren von Imiden finden sich in der Literatur nur gelegentlich [6, 12, 13, 14]. Die $\pi \to \pi^*$-Übergänge des Succinimids (191 mμ) und Glutarimids (198 mμ) wurden bestimmt [14].

Bei einer Diskussion der Struktureinflüsse auf die UV-Spektren aliphatischer Imide muß allgemein zwischen $\pi \to \pi^*$- und $n \to \pi^*$-Übergängen unterschieden werden: $\pi \to \pi^*$-Banden monocyclischer Imide werden mit steigender Ringgröße bathochrom verschoben [10a].

Tab. 4 UV-Spektren cyclischer Imide
  (THF = Tetrahydrofuran)

Verbindung	λ (mμ)	ε	Solvens
1a	191	13 500	Hexan/Acetonitril [14]
	204	13 000	Äthanol [13]
	242	110	Äthanol [13]
	222	235	THF
	242	115	THF
1b	210	15 600	Äthanol [13]
	214,5	8 050	THF
	233	525	THF
	241	295	THF
1c	220,5	9 000	THF
2a	232,2	1 400	THF
	243	360	THF
	252,5	170	THF
	266,5	93	THF
	276,3	80	THF
	287	44	THF
	222	8 700	Wasser [15]
	267	83	Wasser [15]
2b	232	1 800	THF
	279	70	THF
2c	232,5	1 700	THF
	278,5	78	THF
2d	235	2 620	THF
	283	83	THF
2e	227,5	2 600	THF
	275	80	THF

Modellbetrachtungen zeigen, daß die Imidgruppe im Sechs- und Siebenring nicht spannungsfrei planar angeordnet sein kann. Diese Abweichung kann als Ursache für die bathochrome Verschiebung angesehen werden [14]. Bemerkenswert ist, daß die UV-Spektren einen Einfluß der Ringgröße beim Übergang vom Sechsring zum Siebenring zeigen.

Ein Einfluß der Ringgröße auf die Lage der $\pi \to \pi^*$-Bande besteht bei bicyclischen Imiden mit Stickstoff als Brückenatom nicht [10a]. Das ist erklärlich, da die räumliche Anordnung der Imidgruppe hier nicht so stark von der Ringgröße abhängt wie bei monocyclischen Imiden.

Die Lage der bei höheren Wellenlängen befindlichen Banden ist sowohl bei monocyclischen als auch bei bicyclischen Imiden von der Ringgröße unabhängig [10a]. Im Falle monocyclischer Imide zeigt lediglich *1a* eine scharfe Trennung von der $\pi \to \pi^*$-Bande. *1b* weist eine Überlagerung der kurzwelligen Bande höherer Extinktion auf, die durch die bathochrome Verschiebung der $\pi \to \pi^*$-Bande verursacht ist. Diese Verschiebung ist bei *1c* so groß, daß die Bande niederer Extinktion nicht mehr beobachtet wird.

Das UV-Spektrum des 3,5-Dioxo-pyrrolizidins *(2a)* unterscheidet sich grundlegend von dem ähnlicher Imide. Dies ist möglicherweise darauf zurückzuführen, daß hier die Atome des Imidsystems besonders ausgeprägt von der planaren Anordnung abweichen [10a] (Seite 15, [20]).

UV-Spektren substituierter Phthalimide sind, was den Imidchromophor angeht, wenig charakteristisch [5].

Untersuchungen an in Polyvinylalkoholfilmen orientierten substituierten Phthalimiden ergaben, daß die langwellige Bande zur Längsachse, die kurzwellige zur Querachse orientiert ist [16].

NMR-Spektren

In Diacetyl-aminen wird das Signal für die Methylgruppe unter dem Einfluß der zweiten Acetylgruppe um 0,4 τ nach kleinerem Feld verschoben [17]. Konformationen wurden bisher lediglich an N-Imido-succinimiden *3* untersucht [18]. Für die Rotation um die N.N-Bindung wurde eine Aktivierungsenergie von 20 bis 23 kcal/Mol gefunden. Ein Gleichgewicht zwischen den Konformeren VII–IX konnte hier nicht beobachtet werden. Wahrscheinlich ist die Umwandlungsgeschwindigkeit bei den Untersuchungstemperaturen groß auf der NMR-Zeitskala.

3

Massenspektroskopische Untersuchungen wurden sowohl an Phthalimiden [19] als auch an alicyclischen Imiden [20] durchgeführt. Es zeigte sich, daß protonierte Imide und Radikalkationen stabile Fragmentierungszwischenstufen sind. Ein Zerfall der Imide erfolgt unter CO- oder CO_2-Abspaltung. Bei der Abspaltung von CO_2 aus Phthalimiden entstehen Arine. In der Literatur finden sich ferner Angaben über *polarographische Untersuchungen* an Maleinimiden [21] und *ESR-spektroskopische Untersuchungen* an Anionenradikalen von N-Alkyl-phthalimiden [22].

III. Imid-Synthesen

Imide entstehen durch Acylierung von Säureamiden. Wichtig ist ferner die Alkylierung der Alkalisalze unsubstituierter Imide, die zu N-substituierten Imiden führt. Die Reaktion ist Teil der Gabriel-Synthese für primäre Amide, über die kürzlich berichtet wurde [23].

Hier soll nur über die Cyclisierung der Amidsäuren berichtet werden, die oft schon durch Erhitzen gelingt: Adipinimide [24] sind nur auf diesem Wege präparativ zugänglich.

Malonimide [25, 26] mit sperrigem Substituenten am Kohlenstoffatom entstehen aus den Amidsäuren durch Kochen in Essigsäureanhydrid. Auch die bicyclischen N-

Brückenimide 2 wurden auf diese Weise erhalten [24]. Bei der Cyclisierung entstehen gelegentlich nebenher Isoimide X [27].

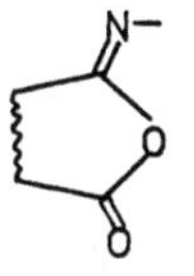

X

Diese sind Zwischenstufen bei der Synthese N-substiuierter Maleinimide, wie an folgenden Beispielen gezeigt sei [28]:

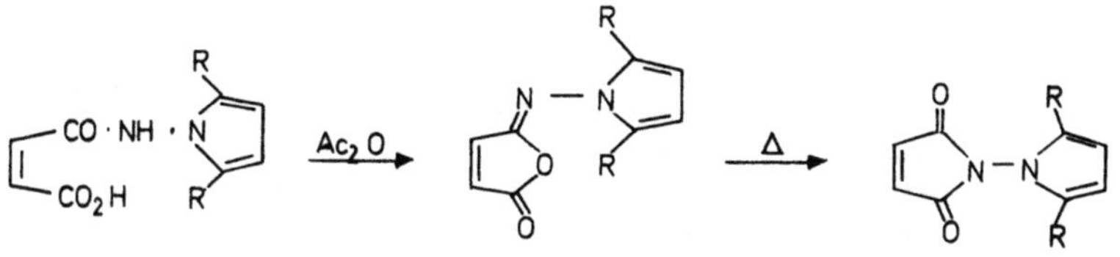

4 → 5 → 6

(R = H, CH$_3$)

Die bisher vorliegenden Befunde lassen vermuten, daß die Acylierung der Amidgruppe unter kinetisch kontrollierten Bedingungen zu Isoimiden, unter thermodynamisch kontrollierten Bedingungen zu Imiden führt.

Ein sterischer Einfluß auf die Cyclisierung von Amidsäuren ist beim 3,6-Bis-dimethylaminophthalsäure-methylamid 7 zu beobachten. Das orange gefärbte Imid 8 kann in wäßriger Lösung mit Natronlauge zum farblosen Salz der Amidsäure 7 umgesetzt werden. Die mit Mineralsäure freigesetzte farblose Amidsäure 7 cyclisiert in Wasser bei Raumtemperatur zum Imid 8. Die Reaktion kann spektrometrisch verfolgt werden.

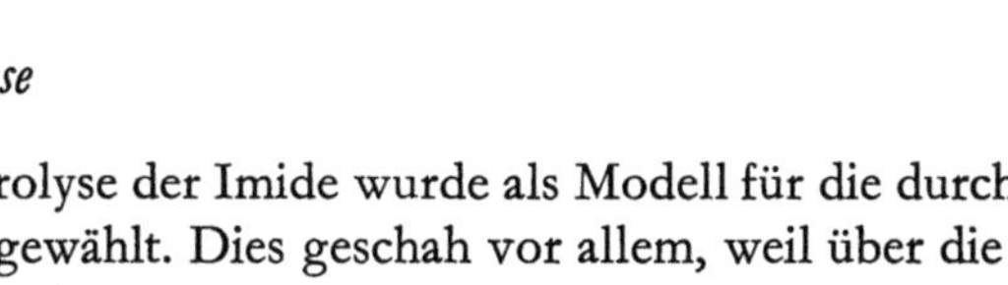

7, 8

IV. Reaktionen

Alkalische Hydrolyse

Die alkalische Hydrolyse der Imide wurde als Modell für die durchzuführenden nucleophilen Reaktionen gewählt. Dies geschah vor allem, weil über die alkalische Hydrolyse anderer Carbonsäurederivate ein ausführliches Material vorliegt, welches einen Vergleich mit den Imiden gestattet.

Die Reaktion kann wegen der hohen Geschwindigkeit nicht immer mit konventionellen Methoden untersucht werden und wurde wohl aus diesem Grunde bisher nicht systematisch bearbeitet. Messungen unter verschiedensten Bedingungen [29] beweisen aber schon einen Reaktionsablauf nach der 2. Ordnung. Für die Hydrolyse N-substituierter Imide wurde ein B_{AC_2}Mechanismus vorgeschlagen, die Verseifung von N-unsubstituierten Imiden verläuft wegen ihrer NH-Acidität komplizierter [29c].

11

Wir haben die Reaktion konduktometrisch und mit Hilfe optischer Verfahren verfolgt [30]. Geschwindigkeitskonstanten, die nach beiden Methoden bestimmt wurden, stimmen innerhalb der Fehlergrenzen überein.

Bei 3- und 4-substituierten N-Methyl-phthalimiden wurde ein Substituenteneinfluß gefunden, der dem der alkalischen Hydrolyse der Carbonsäureester entspricht. Zudem konnte ein sterischer Einfluß auf die Reaktion nachgewiesen werden, nachdem ein in o-Stellung zur reagierenden Carbonylgruppe befindlicher Substituent die Reaktionsgeschwindigkeit *erhöht*.

Tab. 5 Hydrolysenkonstanten der alkalischen Verseifung substituierter N-*Methyl-phthalimide in* $l \cdot Mol^{-1} \cdot sec^{-1}$
(Wasser/Tetrahydrofuran 100:1; 25°)

X	k_2	k_2 [29a]	$\varrho_{Gl.\,2}$	$\varrho_{Gl.\,3}$	$\psi_{o,p}$	ψ_m
H	30,0	32,3	–	–	–	–
3-NO$_2$	449	–	1,60	1,55	0,42	0,38
4-NO$_2$	242	479	1,26	1,21	0,15	0,14
3-Cl	60,0	82,5	1,14	1,03	–	–
4-Cl	60,5	83,7	1,12	1,00	–	–
3-Br	66,3	–	1,25	1,11	–	–
4-Br	65,3	–	1,19	1,07	–	–
3-J	52,6	–	1,01	0,88	–	–
4-J	64,3	–	1,09	1,05	–	–
3-OCH$_3$	12,5	–	2,33	–	–	–
4-OCH$_3$	19,2	–	1,09	–	–	–
3-NH$_2$	3,71	–	2,14	5,30	− 2,82	− 0,70
4-NH$_2$	8,65	8,2	1,24	1,82	− 0,52	− 0,13
3-N(CH$_3$)$_2$	0,70	–	3,96	7,30	− 3,18	− 1,12
4-N(CH$_3$)$_2$	5,95	–	1,66	2,19	− 0,70	− 0,25
3-O	0,1	–	–	–	–	–
4-O	0,8	–	–	–	–	–

Der sterische Einfluß ist besonders groß bei der Nitrogruppe. Er wird in eindrucksvoller Weise durch die Untersuchung der Hydrolyse von 3,6-disubstituierten N-Methylphthalimiden bestätigt, die in Tab. 6 zusammengefaßt sind:

Tab. 6 Hydrolysenkonstanten der alkalischen Verseifung 3,6-*disubstituierter* N-*Methyl-phthalimide in* $l \cdot Mol^{-1} \cdot sec^{-1}$
(Wasser/Tetrahydrofuran 100:1; 25°)

X	k_2	σ_p [9]	σ_m [9]	ϱ	ψ
H	30,0	–	–	–	–
NO$_2$	3800	0,80	0,71	1,39	0,59
Cl	148	0,20	0,37	1,15	–
Br	152	0,21	0,39	1,13	–
NH$_2$	0,285	− 0,66	− 0,16	2,47	− 1,20
N(CH$_3$)$_2$	0,042	− 0,60	− 0,21	3,53	− 2,13

Ein Versuch der Behandlung der Reaktion mittels der Hammett-Gleichung [9] wurde schon früher unternommen [29a]. Hierbei wurde unter der vereinfachenden Annahme, daß die Mengen der beiden bei der Hydrolyse entstandenen Isomeren gleich sind, aus der Hammett-Gleichung

$$\lg \frac{k}{k_H} = \varrho \cdot \sigma \qquad (1)$$

die Beziehung:

$$\lg \frac{k}{k_H} = \frac{\sigma_m + \sigma_p}{2} \cdot \varrho \qquad \text{für } k_m = k_p \qquad (2)$$

abgeleitet. Im folgenden wird zur Unterscheidung der beiden Konkurrenzreaktionen die Stellung der betrachteten CO-Gruppe stets auf den Substituenten bezogen. k_m bedeutet dann die Geschwindigkeitskonstante der Hydrolyse an der Carbonylgruppe in m-Stellung zum Substituenten, $k_{o,p}$, daß bei Substitution in 3-Stellung die o-CO-Gruppe, bei solcher in 4-Stellung die p-CO-Gruppe indiziert ist.

Unter der allgemeinen Voraussetzung, daß $k_m \neq k_{o,p}$, folgt aus Gl. (1):

$$k_{o,p} = \left(\frac{k_H}{2}\right)^{1-\frac{\sigma_{o,p}}{\sigma_m}} \left(k - k_{o,p}\right)^{\frac{\sigma_{o,p}}{\sigma_m}} \qquad (3)$$

wobei wir an Stelle von σ_0-Werten die σ^*-Werte von TAFT [9] verwenden.

Die nach Gl. (2) und Gl. (3) berechneten ρ-Werte sind in Tab. 5 und 6 aufgeführt. Sie zeigen eine Gültigkeit von Gl. (1) lediglich im Falle der halogensubstituierten N-Methyl-phthalimide. Bei Anwendung von Gl. (2) scheint in einigen zusätzlichen Fällen Gültigkeit der Hammett-Gleichung zu bestehen, jedoch entfällt diese, wenn man auf die Voraussetzung $k_m \neq k_{o,p}$ verzichtet. Die Methoxy-N-methyl-phthalimide sind dann mittels der Hammett-Gleichung nicht mehr faßbar.
Die Abweichungen von der Hammett-Gleichung ergeben sich entsprechend der von TAFT [9] vorgeschlagenen Gl. (4) (siehe Tab. 5 und 6):

$$\lg \frac{k}{k_H} = \varrho \cdot \sigma + \psi \qquad (4)$$

Da bei der Hydrolyse 3,6-disubstituierter N-Methyl-phthalimide nur eine Amidsäure entsteht, ist die Anwendung der Gl. (4) auf die in Tab. 6 zusammengefaßten Reaktionen legitim. Die Übereinstimmung der ψ-Werte dieser Tabelle mit denen der in Tab. 5 angegebenen Reaktionen beweist die Gültigkeit des hier angewandten Verfahrens, welches die Schwäche hat, daß die konkurrierenden Spaltungswege experimentell nicht ermittelt wurden. Mit Hilfe von Gl. (3) erscheint nun eine Berechnung der konkurrierenden Reaktionswege der in Tab. 5 zusammengefaßten Reaktionen erfolgversprechend.

Qualitativ kann gesagt werden, daß der Einfluß der Nitro-Gruppe, der Amino-Gruppe und der Dimethylamino-Gruppe auf die alkalische Hydrolyse von N-Methyl-phthalimiden größer ist, als nach der Hammett-Gleichung vorausgesagt wird. Diese zusätzliche Wirkung kann nicht sterischer Natur sein, da die Nitro-Gruppe und die Dimethylamino-Gruppe die Reaktion gegenläufig beeinflussen.
Der zusätzliche Substituenteneinfluß bei der alkalischen Hydrolyse der Phthalimide wird dadurch verursacht, daß die reagierende Funktionsgruppe zum Unterschied von

anderen Carbonsäurederivaten starr an das Molekül gebunden ist. Daher ist ein konjugativer Substituenteneinfluß in stärkerem Maße als üblich möglich.

Der Einfluß der Ringgröße auf die alkalische Hydrolyse N-substituierter cyclischer Imide wurde am Beispiel monocyclischer und N-brückenbicyclischer Imide (*1* und *2*) untersucht [10a].

Tab. 7   Alkalische Hydrolyse cyclischer Imide in Wasser/Tetrahydrofuran (100:1) ; k in l/Mol · sec, $\Delta H^{\neq}$ *in* kcal/Mol, $\Delta S^{\neq}$ *in* cal/Grad · Mol *und* α *in* l/Mol · sec
Die Meßtemperaturen sind bei den k-Werten indiziert
[Abweichungen: a) 44,75°, b) 64,70°, c) 44,30° und d) 64,55°]

Substanz		$k_{25°}$	$k_{45°}$	$k_{65°}$	α	$\Delta S^{\neq}$	$\Delta H^{\neq}$
1a		0,825	1,20	1,78	$5,2 \cdot 10^2$	— 48	3,2
1b		2,15	4,95	10,7	$1,6 \cdot 10^6$	— 32,5	7,4
1c		1,27	4,35[c]	12,5[d]	$5,5 \cdot 10^8$	— 20,4	11,3
2a		3,07	8,96	26,8	$2,6 \cdot 10^8$	— 22	10,2
2b	5-Ring-Hydrolyse	1,17	2,87	6,45	$2,3 \cdot 10^6$	— 31,6	8,0
	6-Ring-Hydrolyse	6,38	16,8	37,7	$1,3 \cdot 10^7$	— 28,2	7,9
2c	5-Ring-Hydrolyse	0,93	2,54[a]	6,95[b]	$2,3 \cdot 10^7$	— 26,9	9,5
	7-Ring-Hydrolyse	1,80	5,26[a]	15,25[b]	$1,2 \cdot 10^8$	— 23,6	10,1
2d		4,15	10,6	25,1	$1,7 \cdot 10^7$	— 27,7	8,4

Die Werte der Tab. 7 zeigen, daß ein Einfluß der Ringgröße auf die Reaktionsgeschwindigkeit nur in untergeordnetem Maße besteht. Dieses gilt auch bei bicyclischen Imiden, bei denen das Verhältnis der konkurrierenden Geschwindigkeiten experimentell ermittelt wurde.

Ein ausgeprägter Einfluß ist bei den Aktivierungsparametern der Reaktion zu beobachten. Es besteht eine lineare Beziehung zwischen der Aktivierungsentropie und der Aktivierungsenthalpie, wie die folgende Darstellung zeigt:

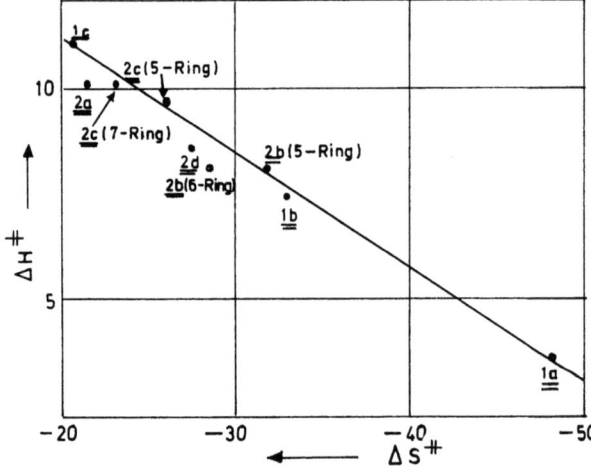

Abb. 1 $\Delta H^{\neq} = f(\Delta S^{\neq})$ für die alkalische Hydrolyse der cyclischen Imide *1* und *2* in Wasser/Tetrahydrofuran (102:1) – Vgl. Tab. 7

Auffallenderweise sind die Aktivierungswerte für die alkalische Hydrolyse des 3,4-Diketo-pyrrolizidins *(2a)* anomal. Diese Verbindung sollte wegen der kleineren Ringgröße niedere Aktivierungsparameter haben als *2d*. Wie bereits auf Seite 10 beschrieben, unterscheidet sich das UV-Spektrum von *2a* prägnant von dem der anderen untersuchten cyclischen Imide. Beide Anomalien können auf eine Hinderung der Imidmesomerie zurückgeführt werden.

Der Einfluß der Ringgröße auf die Reaktivität exocyclischer Doppelbindungen wurde von H. C. Brown [31] theoretisch gedeutet.

Über die Auswirkung der Ringgröße auf die alkalische Hydrolyse anderer Carbonsäurederivate informiert die folgende Tabelle [29b].

Tab. 8 [29b]   *Hydrolysenkonstanten der alkalischen Hydrolyse von Carbonsäurederivaten verschiedener Ringgrößen in* $l/Mol^{-1} \cdot sec^{-1}$

Reaktion	$k_2 \cdot 10^x$	T	Acyl.	5-Ring	6-Ring	7-Ring
Lakton + OH⁻	10^{-2}	0°	0,04	15	550	25,5
Laktam + OH⁻	10^{-4}	75°	1,92	1,8	8,7	0,84
N-Methyllaktam + OH⁻	10^{-4}	75°	1,92	0,70	4,78	–
N-Acetyllaktam + OH⁻	1	25°	1,54	1,02	0,77	1,39
Imid + OH⁻	1	25°	0,92	3,16	0,63	–
N-Methylimid + OH⁻	1	25°	1,54	0,15	1,81	–
				0,83 [29]	2,15 [29]	–
				0,75 [28d]		
Anhydrid + H₂O	10^{-3}	20°	1,90	1,83	2,00	–
Anhydrid + OH⁻	10^{-3}	0°	14,3	5,54	9,10	–

Der Einfluß der Ringgröße auf die Geschwindigkeit der alkalischen Hydrolyse der Carbonsäurederivate ist dem Einfluß bei den Imiden (Tab. 7) vergleichbar. Angaben über die in Tab. 8 fehlenden Aktivierungswerte finden sich in der Literatur nicht.

Die Abhängigkeit der Aktivierungswerte der alkalischen Hydrolyse der Imide von der Ringgröße kann an zwei Modellen diskutiert werden. Bei einem $B_{AC}2$-Mechanismus [32] ist ein Struktureinfluß vor allem auf die Addition des Hydroxyl-Ions an die CO-Doppelbindung zu erwarten. Dieser Reaktionsschritt ist allgemein bei der Hydrolyse von Carbonsäurederivaten geschwindigkeitsbestimmend.

Der Angriff des OH-Ions an der Carbonylgruppe kann

1. von der dem Sauerstoff entgegengesetzten Seite etwa in Richtung der CO-Bindung [33] oder (wahrscheinlicher)
2. senkrecht zu der Ebene, die durch die Valenzen der Carbonylgruppe gebildet wird [32], erfolgen.

Bei den Imiden ist die Addition der Hydroxylgruppe an das Funktionssystem entsprechend beiden Vorstellungen beim Übergang vom Fünfring über den Sechsring zum Siebenring in zunehmendem Maße gehindert. Allgemein kann die Hinderung der Addition an eine Doppelbindung, wie kürzlich an einem Modell gezeigt wurde [34], eine lineare Entropie-Enthalpie-Beziehung zur Folge haben.

Es kann jedoch nicht ausgeschlossen werden, daß eine mit der Größe des Ringes zunehmende Störung der Imidmesomerie Ursache für die Änderung der Aktivierungsparameter ist. Die Verbindungen würden damit immer »amid«-ähnlicher und für die Addition eines Hydroxyl-Ions erhöhte Aktivierungswerte fordern.

Die *Eigenschaften der Imide* stellen sich nach den bisher beschriebenen Untersuchungen folgendermaßen dar:

1. Struktureinflüsse auf die physikalischen Eigenschaften und die Reaktion der Imide mit Alkali entsprechen denen anderer Carbonsäurederivate.

2. Bei den cyclischen Imiden besteht ein fördernder sterischer Einfluß o-ständiger Substituenten auf die Hydrolyse, der bei anderen Carbonsäurederivaten, wie zum Beispiel Benzoesäureester, nicht beobachtet wird. Zum Unterschied von den Benzoesäureestern wird bei den Phthalimiden die reagierende Gruppe nicht mehr frei drehbar. Betrachtet man den Übergangszustand der Hydrolyse, so ist der Kohlenstoff aus dem trigonalen sp^2-Zustand in den sp^3-Zustand übergegangen. Eine zusätzliche sterische Beeinflussung, wie sie bei freier Drehbarkeit der Funktionsgruppen vorhanden ist, tritt nun im Übergangszustand der Reaktion nicht auf. Es ist vielmehr die Frage zu stellen, ob nicht die sterische Wechselwirkung der im Ausgangszustand vorhandenen Substituenten im Übergangszustand teilweise aufgehoben wird. Bei der Beurteilung des Ortho-Effektes ist also nicht nur die Raumerfüllung der Substituenten, sondern auch die freie Drehbarkeit der reagierenden Funktionsgruppe zu berücksichtigen.

3. Die Ringgröße ändert die Aktivierungswerte der alkalischen Hydrolyse cyclischer Imide, während die Reaktionsgeschwindigkeit wenig beeinflußt wird. Eine Übertragung dieser Verhältnisse auf andere nucleophile Reaktionen ist nicht unbedingt zwingend. Es ist denkbar, daß schon bei veränderten Solvatationsverhältnissen sich die Ringgröße stärker auf die Reaktionsgeschwindigkeit und damit auf das Verhältnis konkurrierender Reaktionen auswirkt.

4. Eine starke Abweichung des Imidsystems von der Planarität hat anomale Eigenschaften zur Folge, wie die UV-Spektren und Aktivierungswerte der alkalischen Hydrolyse des 3,5-Dioxo-pyrrolizidins *(2a)* zeigen. Über eine anomale Umsetzung dieser Verbindung mit Grignard-Reagentien wird unten berichtet.

5. Aus der Größe der Geschwindigkeitskonstanten der alkalischen Hydrolyse der Imide folgen erste Aussagen über die Möglichkeit eines gleichzeitigen Angriffs nucleophiler Reagentien an beiden Carbonylgruppen des Imidsystems: Primärprodukte der Reaktion sind Amidsäuren, die erst unter den Bedingungen der Amidhydrolyse zu Dicarbonsäuren verseift werden können:

Die Geschwindigkeiten der k_1 und k_2 verhalten sich wie $10^6:1$. Bei der Untersuchung der Hydrolysereaktion k_1 störte daher die Folgereaktion nicht. Man kann verallgemeinernd sagen, daß bei der Addition eines Nucleophils an eine Imid-Carbonylgruppe eine Verbindung mit »Amid«-Charakter entsteht. Daher reichen die Reaktionsbedingungen, die eine Umsetzung der ersten Carbonylgruppe ermöglichten, für eine Reaktion an der zweiten Carbonylgruppe nicht aus.

Reaktionen der Imide mit Grignard-Verbindungen

Imide reagieren im allgemeinen mit 1 Mol einer Grignard-Verbindung zu Addukten III [1], die Ring-Ketten-Tautomerie zeigen (Kapitel D):

[Structure III shown: equilibrium between cyclic hydroxy-lactam and open-chain keto-amide]

III

Hier sollen nur die selteneren Reaktionen mit mehr als 1 Mol Grignard-Verbindung besprochen werden. Dabei muß man zwischen zwei Reaktionsweisen unterscheiden:

1. Das Primäraddukt III ist unter den Bedingungen der Grignard-Reaktion offenkettig. Dann reagiert ein zweites Molekül der metallorganischen Verbindung mit der Ketogruppe der Amidsäure:

[Reaction scheme: open-chain keto-amide + RMgX → diol/amide product]

Auf diese Weise entsteht aus 3,5-Dioxo-pyrrolizidin *(2a)* mit 2 Mol Phenylmagnesiumbromid das Hydroxy-laktam *10* [35]:

[Reaction scheme showing conversion: **2a** → **9** → **10** via ØMgBr]

Das Zwischenprodukt *9* wurde isoliert und ist nach NMR- und IR-spektroskopischen Untersuchungen eindeutig offenkettig [36]. 4,6-Dioxo-chinolizidin *(2d)* reagiert mit 2 Mol Phenylmagnesiumbromid in gleicher Weise [5]. Malonimide *11* reagieren mit überschüssigem Grignard-Reagens nach folgendem Schema [37]:

[Reaction scheme showing: **11** → »R«-**12** —//→ R_2-CH-CO-N-CO·R' (**13**) with Ø on N]

[Below: »R«-**12** ⇌ »K«-**12** (R'-CO-CR$_2$·CO·NH·Ø) → **14** (R_3'COH) + **14a** (R_2CH·CONH Ø) via 2 R'MgX; and → **15** (R_2'-C(OH)-CR$_2$·CONH Ø) via R'MgX]

Man muß annehmen, daß das Primäraddukt »R«-*12* unter dem Einfluß der Ringspannung zum offenkettigen Isomeren »K«-*12* isomerisiert wird. Die Reaktion mit weiterem Grignard-Reagens erfolgt dann entweder an der Carbonylgruppe unter Addition (zu *15*) oder im Sinne einer Säurespaltung des γ-Ketoamids zu einem tertiären Alkohol *14* und dem zugehörigen disubstituierten Anilid *14a*.
Eine »Ketonspaltung« von »R«-*12* zum Imid *13* findet nicht statt.

Bei der Umsetzung von N-Methylglutarimid mit überschüssigem Vinyl-magnesiumbromid muß ebenfalls intermediär die Bildung eines offenkettigen Adduktes *(16)* angenommen werden. Reaktion mit weiterem Grignard-Reagens führt dann entweder unter Addition an die Carbonylgruppe zu *17* oder unter 1,4-Addition zu *18* [38].

Die Reaktion des N-Methyl-saccharins mit Grignard-Verbindungen verläuft analog [39]:

Für die Reaktionen mit überschüssigem Grignard-Reagens sind die Ergebnisse der Untersuchungen zur Ring-Ketten-Tautomerie (Kapitel D) nicht zwingend zu gebrauchen, da hier die Ketoamide untersucht wurden, im Falle der Reaktion mit metallorganischen Verbindungen jedoch deren Salze vorliegen.

Für eine Doppelbindungs-Olefinierung sind die bisher beschriebenen Reaktionen weniger geeignet als die folgenden.

2. Aus N-Methyl-succinimid entsteht mit Phenylmagnesiumbromid nach 27tägigem Kochen in Benzol in fünfprozentiger Ausbeute das 1-Methyl-2,5-diphenylpyrrol *(22)* [40]. Unter den üblichen Bedingungen entsteht in 36prozentiger Ausbeute das Monoaddukt *20*. Zwischenprodukt der Reaktion wird das Enamid *21* sein, da die Umsetzung derartiger Pyrrolinone mit Grignard-Verbindungen zu 2,5-disubstituierten Pyrrolen führt [41]:

Die Bildung des resonanzstabilisierten Pyrrols kann nicht die einzige Ursache für diese Reaktion sein, da bei der Umsetzung von N-Phenylphthalimid mit Phenylmagnesiumbromid unter modifizierten Bedingungen o-Dibenzoylbenzol *(23)* entsteht [42].

N-substituierte Phthalimide reagieren mit überschüssigem Grignard-Reagens in hochsiedenden Solventien in mehreren Stunden zu Tetra- und Penta-substituierten Isoindolinen [2, 42].

Der Mechanismus dieser Reaktion ist Gegenstand der Diskussion. Von HEIDENBLUTH und Mitarbeitern [2, 43] wird der folgende Reaktionsablauf postuliert:

In neuerer Zeit wird jedoch ein Reaktionsablauf über Acylimine *(28)* angenommen [44]:

Von den beiden im Schema angegebenen Reaktionsweisen der Acylimine *28* wäre eine Reaktion an der CN-Doppelbindung zu Addukten *29* die wahrscheinlichere (Kapitel E).

Reformatzki-Synthesen

Die Reformatzki-Reaktion an Imiden führt zu Alkoxycarbonyl-methylenlaktamen XII [3, 45]:

Die exocyclische Anordnung der Doppelbindung wurde unter anderem durch Ozonabbau bewiesen [45].

Mit Grignard-Verbindungen reagieren die Äthoxycarbonyl-methylenlaktame an der

»Amid«-Doppelbindung. Hier bietet sich erstmalig die Möglichkeit einer Doppelolefinierung der Imide an.

Erste präparative Ergebnisse brachten Versuche zur Umsetzung von Imiden und Alkoxycarbonyl-methylenlaktamen mit Äthoxyacetylen [46]. Die Reaktion führt zu Äthoxyäthinyl-carbinolen XIV, die im Sauren leicht zu Äthoxycarbonyl-methylenderivaten XV umlagern:

$(X = O, CH \cdot CO_2C_2H_5)$

Die Reduktion der Äthoxyäthinyl-carbinole XIV zu den Äthoxyvinyl-carbinolen XVI und deren säurekatalysierte Umlagerung führt zu Formyl-methylenlaktamen XVII. Eine Zusammenstellung der so erhaltenen Verbindungen findet sich in den Tab. 10 und 11.

Mit dem Magnesiumsalz des Methoxybuten-1-in-3 reagieren Imide zu Addukten *30*, die unter dem Einfluß von Säuren in anderer Art umgelagert werden. Dies sei am Beispiel des N-Methyl-phthalimids erläutert:

Das IR-Spektrum eines instabilen Zwischenproduktes *(32?)* zeigte starke Allen-Banden.

Auch an N-unsubstituierten Imiden kann die Reformatzki-Reaktion ausgeführt werden, wie die Umsetzung des Phthalimids mit Bromessigsäureäthylester zu *33* zeigt.

Das schwächer nucleophile Reformatzki-Reagens des γ-Bromcrotonsäure-methylesters reagiert nicht mit N-unsubstituierten Imiden. Es konnte mit N-Methylphthalimid zu *34* umgesetzt werden.

Hydrazinolyse der Phthalimide

Die Hydrazinolyse N-substituierter Phthalimide ist Teil einer allgemeinen Synthese für primäre Amine [47], die besonders in der Peptid-Chemie allgemeine Bedeutung erlangt hat [48]. Die Reaktion erfolgt in siedendem Alkohol. Es fällt ein Niederschlag, der mit verdünnten Säuren Phthalhydrazid und Amin ergibt. Dieser Niederschlag wurde als N-substituiertes 4-Amino-phthalazon angesprochen [47, 48], später jedoch als Salz des primären Amins mit dem sauren Phthalhydrazid erkannt [49]. Die Synthese der 4-Amino-phthalazone durch Hydrazinolyse N-substituierter Phthalimide gelang bisher nicht.

Wir haben 4-N-substituierte 4-Amino-phthalazone XX dargestellt und fanden, daß sie unter den Bedingungen der »Ing-Manske-Reaktion« [48] stabil sind. Sie können daher nicht Zwischenstufen dieser Reaktion sein.

Die Synthese gelingt auf folgenden Wegen [50]:

Da die Hydrolyse der 1-Amino-4-chlor-phthalazine XIX nur in halbkonzentrierter Schwefelsäure gelingt, ist der erste Reaktionsweg nur beschränkt brauchbar.

Die Umsetzung der 1-Imino-imide XXI mit Hydrazin gelingt dagegen unter milden Bedingungen. Da auch die Imino-imide, wie auf Seite 00 gezeigt werden wird, gut darstellbar sind, ist dieser Reaktionsweg der bevorzugte. Die Hydrazinolyse des 1-Anilino-phthalimids *(35)* führt zu einem Gemisch von 60% 1-Amino-phthalazinon-4 *(37)* und 4% 1-Anilino-phthalazinon-4 *(38)*. Der Reaktionsverlauf zeigt, daß aus dem intermediär entstehenden Produkt *36* bevorzugt die schwache Base Anilin eliminiert wird.

1-Imino-phthalimide XXI reagieren mit Hydrazin unter Säurekatalyse unter Umaminierung zu *38a*.

Wittig-Olefinierungen an Imiden

Phosphinalkylene werden durch Carbonsäurederivate im allgemeinen acyliert [51]:

$$\emptyset_3 P = CHR + R'-C\underset{X}{\overset{O}{\diagdown}} \longrightarrow \emptyset_3 \overset{\oplus}{P}-\underset{COR'}{CHR} \; X^\ominus$$

Eine Ausnahme bildet das Phthalsäureanhydrid, welches mit Triphenylphosphin-acylmethylenen zu Enollaktonen XXII umgesetzt werden kann [52]:

Wir fanden [53], daß auch Imide mit Wittig-Reagentien zu XII und XXIII olefiniert werden können. Unsere Ergebnisse lassen sich folgendermaßen zusammenfassen:

1. Succinimid und Phthalimid sowie die entsprechenden N-Methylderivate reagieren bei etwa 140° mit Triphenylphosphin-äthoxycarbonylmethylen zu Äthoxycarbonyl-methylenlaktamen XII, die auch auf anderen Wegen zugänglich sind (Seite 00) [46].
2. Äthoxycarbonylmethylen-laktame, zum Beispiel 38 (R=H) und 39 (R=H), reagieren mit weiterem Wittig-Reagens zu Bisäthoxycarbonylmethylen-iminen (hier: 40, R=H und 41, R=H). N-Methylenphthalimid kann nicht, 39 (R=CH$_3$) nur in geringem Maße (zu 41, R=CH$_3$) zur Reaktion gebracht werden. 40 (R=H) und 41 (R=H) können auch aus Phthalimid beziehungsweise Succinimid mit überschüssigem Wittig-Reagens direkt gewonnen werden. Als Nebenprodukt der Umsetzung des Succinimids entsteht Pyrrol-2,5-diessigester.

Das unterschiedliche Verhalten von Phthalimid und N-Methylphthalimid bei der Wittig-Reaktion wird wahrscheinlich dadurch verursacht, daß das im ersten Fall intermediär gebildete 38 sich zum sehr reaktiven Acylimin 42 isomerisiert, an dem die weitere Reaktion erfolgt.

38 **39** **40** **41** **42**

(R = H, CH₃)

3. Bei der Wittig-Reaktion entstehen anders als bei den übrigen Olefinierungsreaktionen alle möglichen Stereoisomeren untereinander. Hierüber wird im Kapitel C berichtet.

4. Neben dem Triphenylphosphin-äthoxycarbonylmethylen konnten auch Triphenylphosphin-benzoylmethylen, Triphenylphosphin-benzyliden und Triphenylphosphinmethylen mit Imiden zur Umsetzung gebracht werden [54].

Die bei der Umsetzung der Imide mit Triphenylphosphin-benzoylmethylen primär gebildeten Monoolefinierungsprodukte (zum Beispiel *43* und *45*) reagieren mit weiterem Wittig-Reagens an der Ketogruppe und nicht an der »Amid«-Gruppe des Systems. Auf diese Weise entstehen die Verbindungen *44* und *46*.

43 **44** **45** **46**

(R = H CH₃)

Phosphinmethylene, die keine Acyl-Gruppe tragen, reagieren mit Imiden unter Monoolefinierung. In der Literatur wurde kürzlich über die Umsetzung von Imiden mit Triphenylphosphin-cyanomethylen, die unter Monoolefinierung verläuft, berichtet [55].

Anomale Reformatzki-Reaktion der Imide

Führt man die Reformatzki-Reaktion an Succinimiden mit Bromessigsäureäthylester durch, dem etwa 10% Bromessigsäure beigemischt ist, so entstehen in etwa 5prozentiger Ausbeute Verbindungen *48*, deren physikalische Eigenschaften in Tab. 9 zusammengefaßt sind [56].

Tab. 9 *NMR-Spektren der Verbindungen 48 in* CCl_4 *(τ-Werte TMS als innerer Standard), UV-Spektren in Alkohol*

	F_p	H_a	H_b	H_c	H_d	N—CH_3	UV-Spektrum
48a	73/4	4,53 (s)	7,2 (m)	7,6 (m)	6,77 (s)		283 (4,43)
48b	68/9	4,26 (t)	6,8 (m)	7,5 (m)	6,60 (s)	7,01 (s)	290 (4,45)
		$J_{ab} = 1,3$ Hz					

Die NMR-Spektren der Verbindungen beweisen die Konfigurationen *48a* und *48b*. Die Protonen H_b und H_c zeigen in beiden Fällen Signalgruppen vom $AA'BB'$-Typ. H_d ist ein Singlett mit dem relativen Gewicht zwei. In *48b* koppelt H_a mit dem allylständigen H_b. Die τ-Werte von H_a und H_b sprechen für die in den Formeln angegebenen Anordnungen an der Doppelbindung.

Die Verbindungen *48* repräsentieren ein neues Resonanzsystem. Sie gaben den Anlaß zur Beschäftigung mit der Chemie der Acylimine. Den Reaktionsablauf deuten wir folgendermaßen:

B. Imidähnliche Systeme

Die beiden Carbonylgruppen der Imide sind infolge ihrer symmetrischen Anordnung bezüglich der Reaktivität gleichwertig. Man kann diese Symmetrie, wie im Vergangenen gezeigt wurde, durch Struktureinflüsse stören. Eine Unsymmetrie der Funktionsgruppe erreicht man ebenfalls, wenn an Stelle des Sauerstoffatoms einer Carbonylfunktion andere Atome eingeführt werden (XXIV). Verbindungen dieser Art wurden in der Vergangenheit gelegentlich untersucht [57].

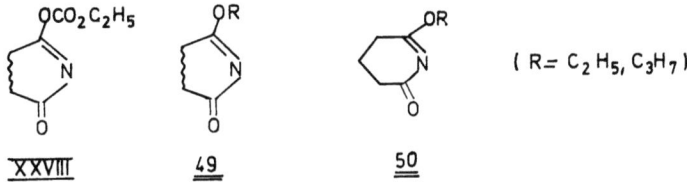

XXIV   XXV   XXVI   XXVII

Andere Typen imidähnlicher Systeme (XXV) leiten sich von der Laktim-Form der Imide ab, deren Hydroxylgruppe durch einwertige Funktionen (Cl, NH_2, OR oder SR) ersetzt wird. Im folgenden wird über beide Stoffklassen berichtet.

Verbindungen XXV (Z=OR) sollten durch Alkylierung von Imiden oder deren Anionen dargestellt werden können, da diese Verbindungen eine ambidente Funktionsgruppe [58] tragen.

Nach den vorliegenden Erfahrungen an anderen Systemen [58] sollten Laktimäther XXVI Produkte kinetisch kontrollierter Reaktionen sein und N-alkylierte Imide XXVII bei thermodynamisch kontrollierten Umsetzungen entstehen. Diese Annahme wird durch die Erfahrung bestätigt:

1. N-substituierte Imide entstehen nach allen bisher untersuchten Alkylierungsverfahren bei höheren Temperaturen.
2. Die Alkalisalze der Imide werden zu N-substituierten Imiden alkyliert.
3. Eine Alkylierung der Silbersalze der Imide bei tiefen Temperaturen führt zu acylierten Iminoäthern (XXVI), die bei höheren Temperaturen in N-substituierte Imide umgelagert werden. Diese Reaktion wurde schon früh gefunden [59]. Jedoch wurden stets Gemische O- und N-alkylierter Verbindungen erhalten.

Eindeutiger verläuft die Reaktion der Silbersalze des Succinimids und Phthalimids mit Chlorameisensäuremethylester (zu XXVIII) [60].

XXVIII   49   50   (R = C_2H_5, C_3H_7)

Wir haben die bereits beschriebenen Reaktionen des Silbersuccinimids mit Äthyljodid und Propyljodid wiederholt und durch Variationen der Reaktionsbedingungen ausschließlich die O-Äther 49 erhalten können [61]. Dargestellt wurden ferner die O-Äther des Glutarimids 50.

Eine O-Alkylierung der Imide erreichten wir mit Triäthyloxonium-tetrafluorborat. Aus den zunächst gebildeten Salzen XXIX können die freien Basen mit Triäthylamin gewonnen werden.

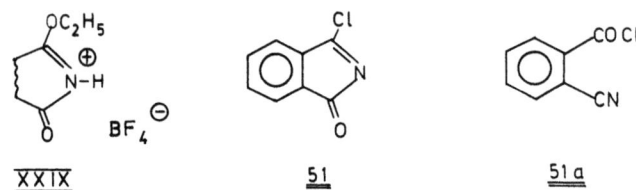

Die Reaktion des Phthalimids mit Phosphorpentachlorid führt nicht zum 1-Chlorisoindolenon-3 *(51)*, sondern zum tautomeren o-Cyanobenzoyl-chlorid *51a* [61a]. Dieses reagiert mit nucleophilen Reagentien in der gleichen Weise wie die O-Äther der Imide. Analoge Umsetzungen des Phosphorpentachlorids mit Succinimid und Glutarimid führen zu undefinierbaren polymeren Produkten.

Mit Aminen reagieren die O-Äther XXVI sowie ihre Salze in guten Ausbeuten zu Imino-imiden XXX. Diese sind, wie bereits auf Seite 22 berichtet wurde, wichtige Vorstufen für die Synthese 1-N-substituierter 1-Amino-phthalazinone-4.

1-N-substituierte Imino-phthalimide XXX können einfacher durch Umaminierung des leicht darstellbaren Imino-phthalimids erhalten werden [62]. Es ist anzunehmen, daß die Protonierung des 1-Imino-phthalimids *52* an der Iminogruppe erfolgt.

Der Angriff des Amins erfolgt dann an der CN-Doppelbindung des »Acylimoniumsalzes« *53*.

Die synthetisierten Verbindungen sind nachfolgend zusammengefaßt:

54
a) R=H
b) R=CH₃
c) R=NH₂
d) R=CH₂·CO₂C₂H₅
e) R=CH·CH₂·CO₂C₂H₅

55
a) R=H
b) R=CH₃
c) R=NH₂
d) R=CH₂·CO₂H
e) R=CH·CH₂·CO₂H
f) R=CH₃

56
a) R=H
b) R=CH₃

Aus *54d* und *54e* entstehen mit Hydrazin zunächst *56a* und *56b*, die sich zu *55d* und *55e* hydrolsieren lassen.

C. Enamide und ihre Vinylogen

Die im Abschnitt A beschriebenen Olefinierungsreaktionen gestatten die Synthese neuer Verbindungen des Typs XXXI:

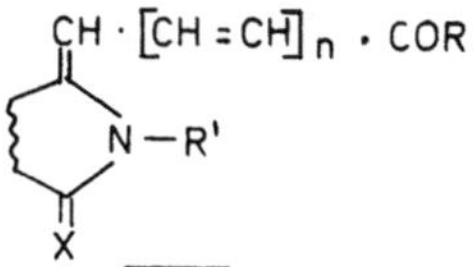

XXXI

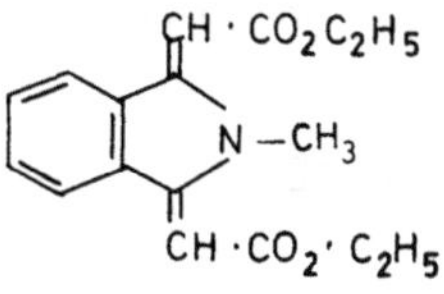

$X = O, CH \cdot [CH=CH]_m \cdot COR$
$R = H, \emptyset, OC_2H_5$
$R' = H, CH_3$

57

Diese sind den Enamiden bzw. Bisalkenyl-iminen zuzurechnen. Ihre Eigenschaften werden in starkem Maße von den Substituenten am Ende des Resonanzsystems bestimmt. Das sei an einem Beispiel erläutert:

Während Enamine durch Säuren leicht hydrolysiert werden können [63], konnte 57 selbst nach längerer Zeit aus konzentrierter Schwefelsäure unverändert zurückerhalten werden (Seite 34) [46]. Nach UV-spektroskopischen Untersuchungen findet bei vinylogen Imiden (auch 57) O-Protonierung statt [46], während bei Enaminen C-Protonierung nachgewiesen werden konnte [64].

Das Verhalten bei der Hydrolyse und auch andere Eigenschaften rücken die Bisalkoxycarbonyl-methylenimine XXXI ($X=CHCO_2H_5$, $R=OC_2H_5$, $n=o$) und Alkoxymethylenlaktame XXXI ($X=O$, $R=OC_2H_5$, $n=o$) in die Nähe der Imide. Dies wird auch bei einem Vergleich der Resonanzsysteme deutlich:

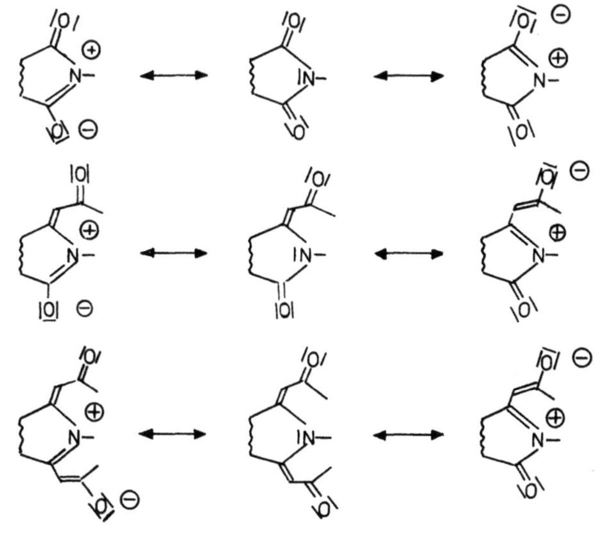

Imid-ähnliches Verhalten zeigen Alkoxycarbonylmethylenlaktame auch bei der Reaktion mit Grignard-Verbindungen, die an der »Amid«-Gruppe stattfindet. Die Reaktion, die von LUKEŠ erstmalig beobachtet wurde [65], wurde schon auf Seite 19 beschrieben.

58   59

Synthesen

Einer ausführlicheren Besprechung der Verbindungen seien zunächst die Synthesewege vorangestellt, die nach folgendem allgemeinen Schema verlaufen:

I   II

Die Carbonylgruppe ist Teil eines Imids, eines Enamidesters oder eines Formylmethylenlaktams. Von beiden Carbonylgruppen reagiert in jedem Fall nur eine. Sie ist in den folgenden Formeln durch einen Pfeil gekennzeichnet:

Die untersuchten Verbindungen und die zugehörigen Synthesewege [66] sind im folgenden zusammengefaßt:

60 R = CH_3
61 R = H

62 R = CH_3
63 R = H

64

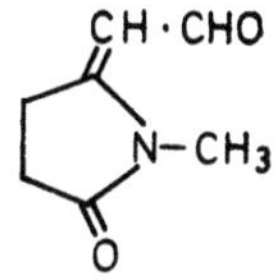

65

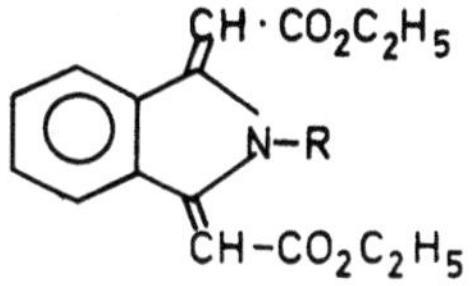

66 R = CH₃
67 R = H

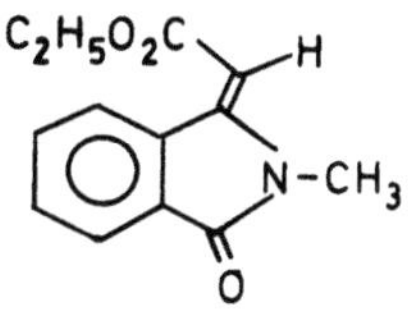

68 a

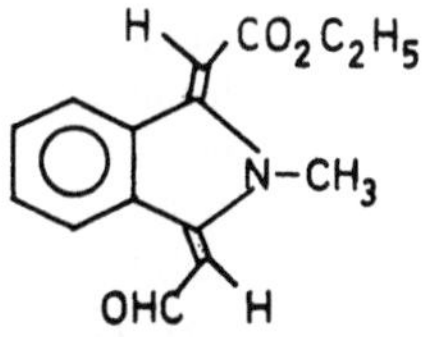

68 b

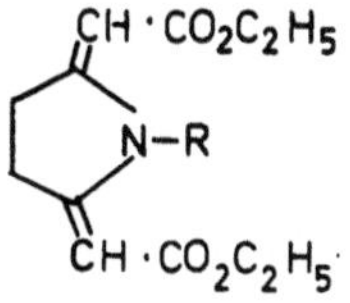

69 — R = CH₃
70 R = H

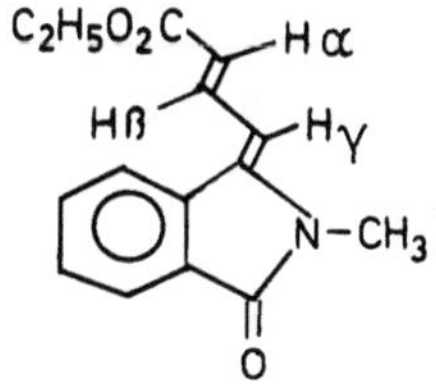

71 a

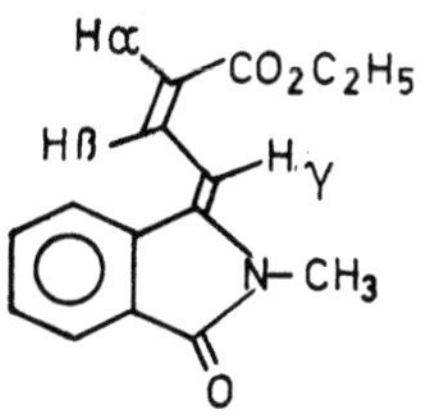

71 b

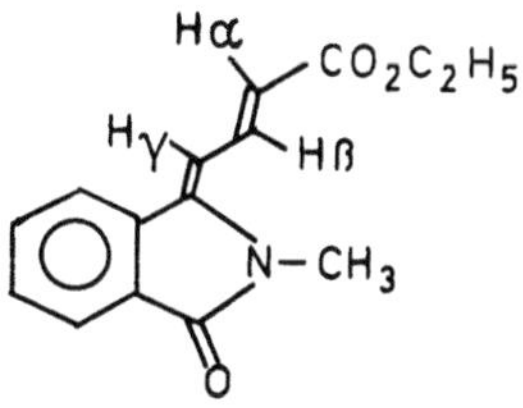

71 c

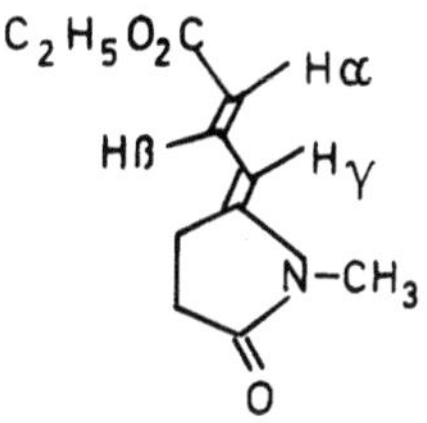

72 a

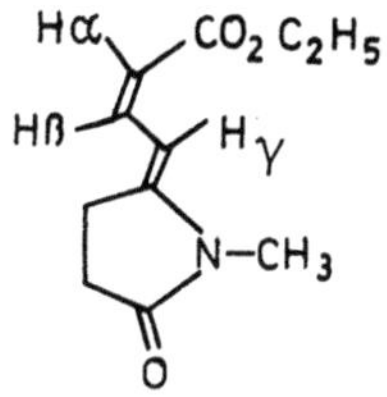

72 b

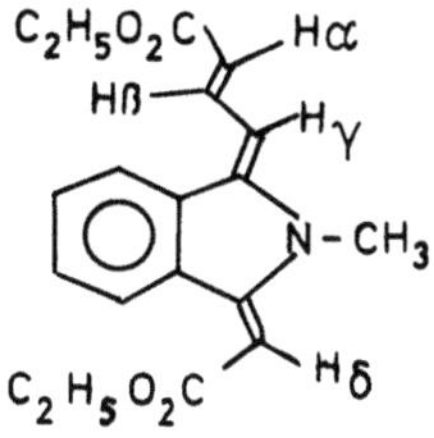

73

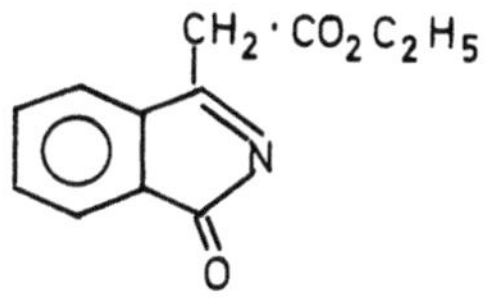

74

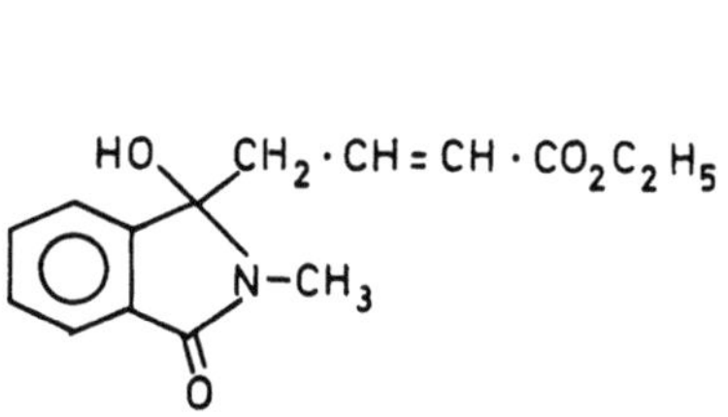

75

Tab. 10 Ausbeuten und Konfigurationen der Verbindungen 60–70 in Abhängigkeit vom Syntheseweg
(0 bedeutet, daß die Reaktion nicht durchführbar ist bzw. das Isomere nicht gebildet wird)

Ver-bindung	Reformatzki-Reaktion[a]	Wittig-Reaktion	Reaktion mit $C_2H_5OC=CMgBr$	Photo-isomeri-sierung	Gleichgewicht	
trans-60	61,5%	68%[b]	50%[2]		stabil	
cis-60	0	32%[b]	0	45%[c]	instabil	
trans-61	0	0		22%[d]	instabil	
cis-61	50%	33%[e]			stabil	
trans-62	50%	32%[e]	59%[2]		stabil	
trans-63	3,2%	6,3%[e]		31%[f]	instabil	
cis-63	21%	32%[e]			stabil	
trans-64	0	0	20%[2], 39%[b,g]		stabil	
cis-64	0	0	5,7%[b,g]		instabil	
trans-65	0	0	19%		stabil	
66	0	0	22%[2]		75% trans-trans-66	
					25% cis-trans-66	
67	0	18%[a,e]			cis-cis-67	
		44%[d]				
68	0	0	23%		89% 68a, 11% 68b	
69	0	6%[a,e,h]	65%[2]		trans-trans-69	
70		5%[a,e,h]			cis-cis-70	

a) Aus Imid. – b) Isomerenverhältnis NMR-spektroskopisch ermittelt. – c) Aus trans-60. – d) Aus cis-61. – e) cis-61 und cis-cis-67 und 69 sowie 63 und 70 entstehen gleichzeitig. – f) Aus cis-63. – g) Umlagerung von 82 und Äthanol-Abspaltung in Essigsäure-äthylester. – h) Liegt als Methyl-pyrroldiessigsäure-(2,5)-diäthylester bzw. Pyrrol-diessigsäure-(2,5)-diäthylester vor. – i) 27% aus Succinyl-diessigsäure-diäthylester und Ammoniak: R. Willstätter und M. Bommer, Liebigs Ann. Chem. 422, 23 (1921).

Tab. 11 Ausbeuten und Konfigurationen der Verbindungen 71–73 in Abhängigkeit vom Syntheseweg

	Wittig-Reaktion	$HC\equiv C-OC_2H_5/BF_3$	Dehydratisierung von 75
71a	68%	36%	21%[a]
71b	14%	Spuren	0
71c	0	19%	28%[a]
72a	60%	thermodynamisch stabiles Isomeres	
72b	19%	thermodynamisch stabiles Isomeres	
73	58%[b]		

a) Methylester. – b) Im NMR-Spektrum des Rohproduktes sind noch geringe Mengen von zwei weiteren Isomeren nachweisbar.

Synthesewege:

1. Eine Olefinierung mit Äthoxyacetylen-bortrifluorid gelingt an der Aldehydgruppe der Formylmethylen-laktame. Aus 64 konnte auf diese Weise 71 erhalten werden.
2. Triphenylphosphin-äthoxycarbonylmethylen reagiert mit Formylmethylenlaktamen, Imiden und N-unsubstituierten Enamidestern.

Die Verbindungen *64*, *65* und *68* können erwartungsgemäß schon bei Raumtemperatur in äthanolischer Lösung umgesetzt werden, während Imide und N-unsubstituierte Enamidester erst in der Schmelze bei 130–140° reagieren. *60* reagiert auch unter forcierten Bedingungen nicht mit dem Wittig-Reagens. Die Umsetzung von *61* verläuft wahrscheinlich über das Acylimin *74*, für dessen Existenz ein weiterer Hinweis bei der Besprechung der thermischen Isomerisierung von *61* gegeben wird.
3. Die Reformatzki-Reaktion gelingt an Imiden, nicht hingegen an Alkoxycarbonylmethylen-laktamen. Mit Bromessigsäure-äthylester reagieren N-unsubstituierte und N-substituierte Imide, mit γ-Brom-crotonsäure-methylester konnte lediglich N-Methylphthalimid zu *75* umgesetzt werden. Die Dehydratisierung zu *71* (hier als Methylester), die thermisch nicht möglich ist, gelingt in Gegenwart von Bortrifluorid oder Mineralsäure schon bei Raumtemperatur.
4. Die Umsetzung der Enamide und Enamidester mit Äthoxy-äthinylmagnesiumbromid führt primär zu Addukten (zum Beispiel *76* aus *61*), die durch Mineralsäure zu Enamidestern (hier *66*) umgelagert werden können. Nach partieller Hydrierung der Äthoxyacetylen-Addukte zu Äthoxyvinylcarbinolen XXXII können diese zu Formylmethylenen umgesetzt werden. Dieser Syntheseweg gelang in allen bisher untersuchten Fällen.

Konfigurationszuordnungen [66]

Die Bezeichnung der Doppelbindungsisomeren erfolgt in Anlehnung an die strukturverwandten Enamin-β-carbonester [67] entsprechend folgendem Schema:

cis   trans

Die Konfiguration folgt vor allen Dingen aus den NMR-Spektren (Tab. 12, 13). Hierbei muß zwischen Isoindolinen XXXIII und Pyrrolidinen XXXIV unterschieden werden.

XXXIII   XXXIV

Tab. 12 NMR-Spektren der Verbindungen 60–70 (τ-Werte, J in Hz)

	N—CH₃	N—H	=CH—CO₂R	—CHO	Aromat. H bzw. Pyrrolidin-H	Solvens
trans-*60*	6,68	–	4,23	–	0,85, 2,2	CDCl₃
	7,17	–	4,70	–	1,32, 2,6	Aceton[a]
cis-*60*	6,93	–	4,43	–	1,32, 2,6	Aceton[a]
trans-*61*	–	–	4,20	–	1,02, 2,5	DMSO-d₆
cis-*61*		0,2	4,12	–	1,9–2,2	CDCl₃
	–	−0,4	3,86	–	1,9–2,2	DMSO-d₆
trans-*62*	7,05	–	4,98	–	6,80, 7,50	CCl₄
trans-*63*		0,7	4,63	–	6,8, 7,4	CCl₄
cis-*63*	–	0,2	5,17	–	7,2, 7,6	CCl₄
trans-*64*	6,71	–	4,06 (J = 8)[b]	−0,58 (J = 8)	1,8, 2,2	CDCl₃[a]
cis-*64*	6,37	–	3,88 (J = 7,5)[b]	−0,38 (J = 7,5)	–	CDCl₃[a]
trans-*65*	6,93	–	4,45	0,24 (J = 7)	6,7, 7,3	CDCl₃
trans-trans-*66*	6,67	–	4,58	–	–	CDCl₃[a]
cis-trans-*66*	6,37	–	4,37, 4,47	–	0,75, 2,4	CDCl₃[a]
cis-cis-*67*	–	−1,54	4,43	–	2,4	CDCl₃
68a	6,68	–	4,32, 420 (J = 7)	−0,55 (J = 7)	0,62, 1,7, 2,4	CDCl₃[a]
68b	6,37	–	4,20 (J = 7), 4,19	−0,55 (J = 7)	–	CDCl₃[a]
trans-trans-*69*	7,02	–	4,94	–	6,80	CDCl₃
cis-cis-*70*	–	–	5,21	–	7,29	CCl₄

a) Isomerengemisch. – b) Hier = CH—CO₂R.

Tab. 13 NMR-Spektren der Verbindungen 71–73, 76 (τ-Werte, J in Hz)

	N—CH₃	H	H	H	H	Aromat, H bzw. Pyrrolidin-H	Solvens
71a	6,67	3,84 J = 16,	1,68 J = 12	3,81	–	2,0–2,4	CDCl₃
71b	6,65	4,20 J = 5	2,0–2,5	2,0–2,5	–	2,0–2,5	CCl₄
71c	6,37	3,87 J = 16,	1,85 J = 12	3,62	–	2,0–2,6	CDCl₃
72a	6,95	4,22 J = 15,	2,50 J = 12	4,42 J = 1,7		7,0, 7,4	CDCl₃
72b	6,97	4,63 J = 9,5,	3,25 J = 11	3,12	–	7,15, 7,5	CCl₄
73	6,75	4,13 J = J = 15	1,7	4,13	4,75	0,53, 1,8, 2,4	CCl₄
76	7,01	= CH : 5,18		–	–	0,85, 2,5	CDCl₃

Aus den NMR-Spektren folgt:

1. Die Lage der Protonen der Methylgruppe ist konfigurationsspezifisch. Sie beträgt für trans-Isoindoline τ 6,7, für trans-Pyrrolidine τ 7,0. Der Übergang zum cis-Isomeren hat, verursacht durch den Anisotropieeffekt der Carbonylgruppe, eine Verschiebung des Signals um τ = 0,2–0,3 nach kleinerem Feld zur Folge. Die Methylsignale sind scharfe Singuletts hoher Intensität und gestatten Aussagen über die Anzahl der Isomeren in einem Gemisch und ihr Konzentrationsverhältnis.

2. Die Anisotropie der Carbonylgruppe bewirkt in den trans-Isoindolinen eine Verschiebung des Signals für das in ihrem Bereich befindliche ortho-ständige aromatische Proton nach kleinerem Feld. Diese beträgt für die Äthoxycarbonylmethylengruppe $\tau = 1{,}5–1{,}8$, für die Formylmethylengruppe jedoch nur $\tau = 0{,}4$. Die unterschiedliche Wirkung der Carbonylgruppe weist darauf hin, daß die Äthoxycarbonylmethylenderivate in der Konformation XXXV, die Formylmethylenderivate hingegen in der Konformation XXXVI vorliegen.

XXXV **XXXVI**

Die β-ständigen Pyrrolidinprotonen werden durch die Estergruppe um etwa $\tau = 0{,}5$ nach kleinerem Feld verschoben.

3. Die Lage des Signals für das Proton an der Enamid-Doppelbindung ist von mehreren Faktoren abhängig. Zunächst ist eine starke Wirkung des Konjugationssystems auf die chemische Verschiebung zu erwarten. Bei den Enaminen wird die Lage dieses Protons durch das Ausmaß der Überlappung zwischen dem Elektronenpaar am Stickstoff und der Doppelbindung bestimmt [68]. Je größer diese ist, um so höher ist das Feld, bei dem das Proton erscheint.

Die NMR-Spektren der Enamide 77 und 78 (in DMSO-d_6) zeigen, daß bei den Enamiden ähnliche Verhältnisse herrschen:

77 **78**

79 **80**

Unter dem Einfluß der Methylgruppe in 78 sollten die Signale für das Vinylproton nach höherem Feld verschoben werden. Die Konfiguration von 78 ist nicht bekannt. Da jedoch gegenüber *beiden* Vinylprotonen des Enamids 77 eine Verschiebung nach kleinerem Feld beobachtet wird, ist der entgegengesetzte Einfluß der Methylgruppe auf die chemische Verschiebung des Vinylprotons offensichtlich. Man muß daher annehmen, daß ein sterischer Einfluß der Methylgruppe zu einer Störung der Planarität der Doppelbindung in 78 und damit zu einer geringeren Überlappung des Enamidsystems führt. In den Verbindungen *79* und *80* ist der Einfluß der Carboxylgruppe auf die Lage der Vinylprotonen erwartungsgemäß.

Da der Einfluß der Konfiguration auf die NMR-Spektren weniger stark ist als der Einfluß des Konjugationssystems, können nur Isomerenpaare miteinander verglichen werden. Bei Pyrrolidinen ist das Signal der trans-Isomeren gegenüber denen der cis-Isomeren um $\tau = 0,3$ nach höherem Feld verschoben. Bei Isoindolinen hingegen liegen die Signale des cis-Isomeren um etwa $\tau = 0,2$ bei tieferem Feld. Hier ist der Einfluß des aromatischen Systems auf die Lage des Enamin-Protons größer als der des N-Atoms. In den Verbindungen *71*, *72* und *73* beweisen die NMR-Spektren die Anordnung der Substituenten an beiden Doppelbindungen. Die NMR-Spektren wurden in Deuterochloroform, Tetrachlorkohlenstoff und Hexadeutero-dimethylsulfoxid aufgenommen. In anderen Lösungsmitteln gelten die hier angegebenen Regeln, wie einige Beispiele in den Tab. 12 und 13 zeigen, nicht. In Verbindungen mit einer Doppelbindung, die an beiden Kohlenstoffatomen ein Wasserstoffatom trägt, wird das trans-Isomere durch eine charakteristische »wagging«-Schwingung [69], die im IR-Spektrum bei 980/cm liegt, angezeigt.

Für die Verbindungen *71a*, *71b*, *72a* und *72b* folgt die Konfiguration der Enamid-Doppelbindung zusätzlich aus der Synthese.

Über eine UV-spektroskopische Bestimmung der Konfiguration aliphatischer vinyloger Amide, Imide und Urethane mit Hilfe modifizierter Woodward-Regeln wurde kürzlich berichtet [70]. Die Anwendung dieses Verfahrens ist bei den meisten der hier beschriebenen Verbindungen wegen der Existenz zusätzlicher Chromophorer im Molekül problematisch.

Relative Stabilität der Isomeren, Isomerisierungsreaktionen, Protonierung vinyloger Imide

Enamidester und Bis-alkenylamine können, wenn sie am Stickstoffatom unsubstituiert sind, durch Erhitzen, sonst aber mit Hilfe von Mineralsäuren leicht isomerisiert werden. Im thermodynamischen Gleichgewicht liegt, wie die spektroskopischen Untersuchungen zeigen, bevorzugt eine Konfiguration vor. Lediglich bei den Verbindungen *66* und *68* wurde die Existenz zweier Isomerer beobachtet. Die stabilen Stereoisomeren lassen sich durch Bestrahlen in die thermodynamisch instabilen Verbindungen überführen. Bezüglich der relativen thermodynamischen Stabilität von Isomerenpaaren gilt:

1. In den stabilen N-substituierten Verbindungen sind die Carbonylgruppe und das Stickstoffatom bezüglich der Doppelbindung trans-ständig.

2. Bei den N-unsubstituierten Verbindungen hingegen ist das cis-Isomere stabiler. Dieses mag, wie bei Enamin-β-carbonestern [67d], durch eine Wasserstoffbrücke zwischen der NH-Gruppe und der Carbonylgruppe verursacht sein. Da jedoch bei den Bisalkenyl-aminen *67* und *70* das cis-cis-Isomere das stabile ist und eine Wasserstoffbrücke zu beiden Estercarbonylgruppen kaum möglich ist, muß zudem ein sterischer Einfluß der N-Methylgruppe auf die Stabilität derart angenommen werden, der die trans-Form stabilisiert. Derartige Einflüsse sind auch bei einfachen ungesättigten Verbindungen [71] bekannt.

3. Wie bei den Bisalkenyl-aminen *66* und *68* können gelegentlich mehrere Isomere in einem thermodynamischen Gleichgewicht stehen.

Die *Isomerisierung* instabiler N-unsubstituierter Verbindungen gelingt durch Erhitzen. Wir nehmen an, daß die Reaktion entsprechend dem folgenden Schema über Acylimine XXXVII abläuft:

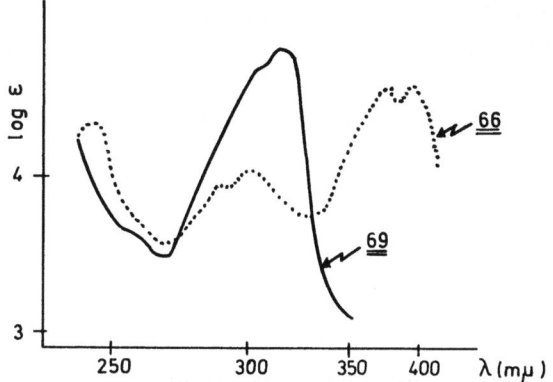

N-substituierte Verbindungen sind unter diesen Bedingungen stabil. Sie isomerisieren sich aber unter dem Einfluß von Mineralsäuren.

Die Reaktion kann durch O-Protonierung oder auch durch C-Protonierung ausgelöst werden. Beide Protonierungsarten wurden bei α,β-ungesättigten β-Amino-carbonylverbindungen beobachtet [72]. Der UV-spektroskopische Nachweis der O-Protonierung der Bisalkenyl-amine 66 und 69 [46] wurde bereits auf Seite 27 erwähnt.

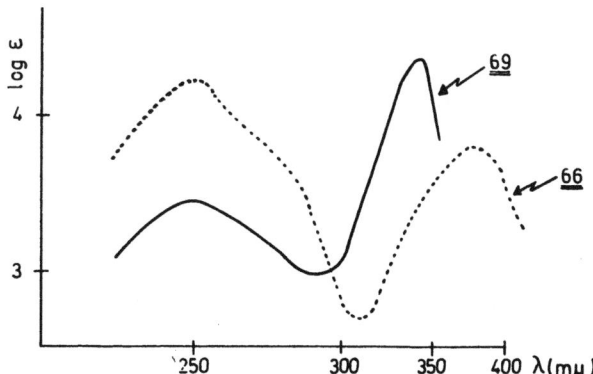

Abb. 2 UV-Spektren von N-Methyl-2,5-bis-äthoxycarbonylmethylen-pyrrolidin *(69)*, N-Methyl-1,3-bis-äthoxycarbonylmethylen-isoindolin *(66)* und Pyrrolessigsäure-(2)-äthylester in Chloroform

Abb. 3 UV-Spektren von *69, 66* und Pyrrolessigsäure-(2)-äthylester in konz. Schwefelsäure

In den Abb. 3 und 4 wird gezeigt, daß beim Übergang von Chloroform nach Schwefelsäure als Lösungsmittel eine bathochrome Verschiebung der langwelligen Banden um 30–50 mµ zur Folge hat. Dieses läßt sich durch eine Protonierung am Ester-Sauerstoff deuten, da in diesem Fall die Konjugation innerhalb des Chromophors verstärkt wird.

Ähnliche Effekte kann man bei den Enamiden *60* und *61* beim Übergang von Äthanol nach Schwefelsäure beobachten:

Tab. 14 Protonierung der Enamidester trans-60 und cis-61:
NMR-Spektren (τ-Werte) und UV-Spektren (λ max, log ε)

NMR:	trans-*60*					cis-*61*			
	H_A	H_B	H_C	H_D	Solvens	H_A	H_B	H_C	H_E
	8,62	5,63	4,23	6,68	$CDCl_3$	8,62	5,63	4,12	0,2
	8,50	5,47	3,90	6,60	CF_3CO_2H	8,50	5,43	3,80	— 0,6
	8,50	5,48	3,90[a)]	6,60	CF_3CO_2D	8,53	5,47	3,85[b)]	— 0,6
	8,57	5,43	3,38	6,33	H_2SO_4	8,51	5,26	3,34	— 0,7
UV:									
		322 mμ (4,10)			Äthanol		317 mμ (4,14)		
		351 mμ (4,00)			H_2SO_4		353 mμ (4,12)		

a) < 0,05 Protonen sofort.
b) 0,7 Protonen sofort, 0,35 Protonen nach 5 Stunden.

Die O-Protonierung kann auch NMR-spektroskopisch nachgewiesen werden: In der protonierten Form (in Schwefelsäure) sind die Signale der direkt am Konjugationssystem befindlichen Vinylprotonen H_C und H_D gegenüber der unprotonierten Form (in Deuterochloroform) nach tieferem Feld verschoben. Wegen der starken Beeinflussung des Signals H_C ist eine Ester-Protonierung (XXXVIII) wahrscheinlicher als eine Amid-Protonierung. Eine schnelle Verminderung der Intensität der Signale H_C in Deuterotrifluoressigsäure, die durch H/D-Austausch verursacht ist, gibt einen ersten Hinweis auf eine C-Protonierung der Enamidester (XXXIX). Der Einfluß der N-Methylgruppe in *60* bewirkt, daß der Austausch hier deutlich schneller ist als in *61*. Ursache hierfür dürfte eine Erhöhung der Elektronendichte am β-ständigen Kohlenstoffatom des Enamidsystems sein.

XXXVIII

Untersuchungen an Enamin-ketonen ergaben kürzlich [73], daß bei diesen Verbindungen die Doppelbindungsisomerisierung und die C-Deuterierung zwei verschiedene chemische Prozesse sind.

Abhängigkeit der Konfiguration vom Syntheseweg [66]

Bei den Synthesen, die im sauren Bereich erfolgen, entsteht ausschließlich das thermodynamisch stabile Isomere. Das ist bei der säurekatalysierten Umlagerung der Alkoxyäthinyl-carbinole und Alkoxyvinyl-carbinole, der Umsetzung von Formylmethylenlaktamen mit Äthoxyacetylen-Bortrifluorid sowie der säurekatalysierten Dehydratisierung der Reformatzki-Addukte der Fall.

Eine Ausnahme wurde bei der Dehydratisierung des Reformatzki-Adduktes aus Succinimid und Bromessigsäure-äthylester beobachtet, bei der neben dem thermodynamisch stabilen Isomeren (cis-*63*, 21%) auch die instabile Form (trans-*63*, 3,2%) entstand.
Die Dehydratisierung ist auf drei Wegen möglich:

a) Bei einer *thermisch-synchronen Reaktion* erfolgt eine Abspaltung der OH-Gruppe gleichzeitig mit der Abspaltung des Protons. Es kann daher angenommen werden, daß bei dieser Reaktion, wenn keine konfigurativen Fixierungen des Ausgangsproduktes vorliegen, beide möglichen Stereoisomeren gebildet werden.

b) Bei einem *Imonium-Carbonium-Mechanismus* sind Acylimine als Intermediäre anzunehmen, worüber im Kapitel E ausführlich berichtet wird:

c) Ein *Carbanionen-Mechanismus* scheidet in dem vorliegenden Fall aus, da die Dehydratisierung im Alkalischen nie, im Neutralen gelegentlich und nur schwierig, sehr leicht aber im Sauren durchgeführt werden kann:

Die Anteiligkeit der Reaktionswege a) und b) sollte durch die Stabilität der Carbonium-Imoniumionen bestimmt werden. Diese sollte bei Isoindolin-Acyliminen größer sein als bei Pyrrolidin-Acyliminen. Daraus würde folgen, daß bei der Wasserabspaltung der Verbindung *80* der Reaktionsweg b) eine größere Rolle spielt als bei der Wasserabspaltung der Verbindung *81*, (R=H), so daß im ersten Fall nur das thermodynamisch stabile Isomere entsteht, während im zweiten Fall beide möglichen Konformeren gebildet werden.

80   81   82

Beim 1-Methyl-2-hydroxy-2-äthoxycarbonylmethyl-pyrrolidin-5 (*81*, R=CH$_3$) bewirkt die N—CH$_3$-Gruppe, wie durch *H/D*-Austauschversuche an *62* und *63* gezeigt wurde, eine größere Anteiligkeit des Acyloniumsalzes am Übergangszustand, so daß hier ausschließlich das thermodynamisch stabile Reaktionsprodukt entsteht.

Es kann jedoch nicht ausgeschlossen werden, daß auch bei der Dehydratisierung der Verbindungen *80* und *81* (R=CH₃) zunächst beide isomeren Reaktionsprodukte gebildet werden. Ein Hinweis hierfür ergab sich bei der Untersuchung der Umlagerung und Äthanolabspaltung von *82* zu *64*. Unter den üblichen Bedingungen entsteht hier ausschließlich das trans-Isomere [46]. Ein Gemisch beider Isomerer wurde jedoch bei vorsichtiger Reaktionsführung erhalten, die so erfolgte, daß die Kristallisation des Reaktionsproduktes schneller als die Umlagerung des primär gebildeten cis-*64* war. Mit stärkerer Säure ließ sich das Isomeren-Gemisch anschließend in das thermodynamisch stabile Isomere überführen.

Die *Wittig-Reaktion* an N-methylierten Imiden und Formylmethylenlaktamen führte stets zu beiden möglichen Stereoisomeren. Im Falle N-unsubstituierter Imide und Enamidester werden die bei der Reaktion entstehenden instabilen Isomeren unter dem Einfluß hoher Temperaturen sofort in die stabilen Isomeren überführt. Dies wird durch das Verhalten des Succinimids bewiesen, bei dessen Umsetzung mit Triphenylphosphinäthoxycarbonylmethylen neben 32,4% cis-*63* auch 6,3% trans-*63* beobachtet wurden.

Bei den meisten Synthesen wird die Konfiguration an einer schon im Molekül vorhandenen Doppelbindung während der Reaktion nicht verändert. Bei der Umsetzung von trans-*64* mit Äthoxyacetylen-Bortrifluorid hingegen entsteht neben *71a* auch *71c*. Eine Isomerisierung von trans-*64* oder *71a* unter den Bedingungen der Reaktion konnte ausgeschlossen werden. Die Isomerisierung an der ursprünglich vorhandenen Doppelbindung muß daher während der Reaktion stattgefunden haben. Die Darstellung von Formylmethylenlaktamen gelingt auch durch Vilsmeyer-Reaktionen an Enamiden [74]. Dabei entstehen, da die Reaktion in Gegenwart von Säuren verläuft, immer die thermodynamisch stabilen Isomeren.

Reaktionen

a) Nucleophile Reagentien

Enamidester reagieren mit Nucleophilen bevorzugt an der »Amid«-Carbonylgruppe. Die alkalische Hydrolyse des 3-Äthoxycarbonylmethylen-4-oxo-pyrrolizins *(83)* wurde quantitativ untersucht. Das OH⁻-Ion greift sowohl an der »Amid«-Gruppe als auch an der Estergruppe an:

Die Summe der Reaktionsschritte $k_1 + k_2$ wurde konduktometrisch bestimmt. Die Trennung der Konkurrenzreaktionen gelang durch Äthoxylbestimmung.

Tab. 15 Reaktionskonstanten und Aktivierungswerte der alkalischen Hydrolyse in Wasser-Tetrahydrofuran (100:1); die zuletzt angegebene Reaktion in Wasser-Alkohol (9:1)

Reaktion	k_{25}	k_{35}	k_{45}	$\Delta H^{\neq}$	$\Delta S^{\neq}$	α	E_a
k_1	0,0150	0,0320	0,0625	12,8	—23,8	$1,1 \cdot 10^8$	13,45
k_2	0,0033	0,0072	0,0146	13,5	—24,6	$0,6 \cdot 10^8$	14,0
Carbäthoxymethyl-pyrrolizidin + OH$^-$	0,058	0,103	0,170	9,5	—32,3	$1,5 \cdot 10^6$	10,1
Carbäthoxymethylen-(2-carbamoyl-äthyl)-pyrrolidin + OH$^-$	–	0,0238	0,0403	–	–	–	–

Die präparative Aufarbeitung eines Hydrolysenansatzes ergab 2-Äthoxycarbonylmethylen-5-β-carboxyäthylpyrrolidin *(84)* in 75,4% der nach dem Schema zu erwartenden Ausbeute. Die Verbindung ist, da sie gleichzeitig eine Enamin- und eine Carboxylgruppe enthält, sehr instabil.

Die Geschwindigkeitskonstanten k_1 und k_2 der Tab. 15 sind denen des 3,4-Dioxopyrrolizidins *(2a)* (Tab. 7) vergleichbar. Die Aktivierungsenergie ist im Falle der vinylogen Verbindung 83 erhöht, was auf eine zusätzliche Resonanzstabilisierung des Grundzustandes hindeutet. Die Bedeutung der Doppelbindung für die alkalische Hydrolyse von 83 erkennt man beim Vergleich mit der Verseifung des hydrierten 3-Äthoxycarbonylmethyl-4-oxo-pyrrolizidins *(85)*. Hier wird ausschließlich die Estergruppe verseift. Die Aktivierungswerte (Tab. 15) sind denen der alkalischen Esterverseifung aliphatischer Carbonsäureester vergleichbar [75].

85

Das Verhältnis der beiden konkurrierenden Primärschritte der alkalischen Hydrolyse von Enamidestern wird in unübersichtlicher Weise durch die Struktur bestimmt. Aus 1-Äthoxycarbonylmethylen-2-methyl-isoindolinon *(60)* entsteht in 50prozentiger Ausbeute die Carbonsäure *86*. Die Reaktion der Enamidester mit Alkoholat und Ammoniak wurde präparativ untersucht. Die Ergebnisse entsprechen denen der alkalischen Hydrolyse.

86

Metallorganische Verbindungen reagieren ebenfalls an der »Amid«-Gruppe der Enamidester, wie die folgenden Beispiele zeigen:

Der Einfluß der Doppelbindung in *83* auf die Umsetzung mit Grignard-Verbindungen entspricht dem bei der alkalischen Hydrolyse:

Mit Wittig-Reagentien reagieren lediglich Enamid-x-carbonester, die am Stickstoff unsubstituiert sind (Seite 22).

b) Elektrophile Reagentien

Elektrophile Reagentien sollten Enamide wie Enamine [76] am β-Kohlenstoffatom angreifen. Es ist jedoch zu erwarten, daß die Reaktivität der Enamide durch die elektronenziehende Wirkung der Carbonylgruppe verringert wird.
Über die Vilsmeyer-Reaktion der Enamide, die zu C-Formylderivaten führt, wurde schon kurz berichtet [74]. In analoger Weise findet die Umsetzung mit Ehrlichs Reagens am β-Kohlenstoffatom statt [77]:

Die Reaktion ist auf Methylenlaktame beschränkt, die am β-Kohlenstoffatom keinen Substituenten tragen.
Mit Dimethylsulfat reagieren Enamide ebenfalls unter Substitution [78]:

Die Protonierung der Enamide, die an der Doppelbindung keine elektronegativen Substituenten (Carboxylgruppe, Nitrogruppe, Nitrilgruppe usw.) tragen, sollte am β-Kohlenstoffatom unter Bildung von Acyliminen XL erfolgen. NMR- und UV-spektroskopische Untersuchungen sind jedoch besser mit einer O-Protonierung (XLI) vereinbar [103] (Seite 34).

D. Ring-Ketten-Tautomerie der γ-Ketoamide

γ-Ketoamide sind Primärprodukte der Umsetzung von Imiden mit Grignard-Reagentien. Sie können in zwei tautomeren Formen vorliegen, die im folgenden mit »K« und »R« bezeichnet werden.

Gleichgewichte dieser Art sind für die Reaktionen der Imide und der γ-Ketoamide von Bedeutung, wie am Beispiel der Umsetzung des 3,5-Dioxo-pyrrolizidins *(2a)* mit Grignard-Reagentien bereits gezeigt wurde (Seite 17).
Die Ring-Ketten-Tautomerie der γ-Ketoamide wurde in der Vergangenheit häufiger untersucht [79]. Bei allen Untersuchungen, die sich chemischer Methoden bedienen (eine Zusammenfassung hierüber findet sich in der Literatur [79a]), ist zu berücksichtigen, daß eine Änderung des sehr mobilen Tautomerie-Gleichgewichtes durch die Testreaktion erfolgt sein kann.
Das gilt auch für Untersuchungen, nach denen das »R«-Tautomere eines Ketoamids in Alkali löslich und aus dieser Lösung durch Ansäuern unverändert zu erhalten sei [79 b, c, d, e, f].
Es wurde mehrfach vergeblich versucht, beide Tautomeren eines Ketoamids zu isolieren [79 c, i, k, m]. Die Trennung eines Tautomerenpaares wird erstmalig in dieser Arbeit beschrieben.
Bei den Ketocarbonsäuren liegen ähnliche Verhältnisse vor wie bei den γ-Ketoamiden. Die Ring-Ketten-Tautomerie dieser Verbindungen ließ sich schon mit Hilfe IR-spektroskopischer Methoden weitgehend klären. Ketocarbonsäuren sind im Alkalischen offenkettig [79a, 80]. Ein Analogieschluß zu den γ-Ketoamiden ist jedoch aus einsichtigen Gründen nicht erlaubt.
UV-spektroskopische Methoden sind nur in einigen Fällen anwendbar [79a, i, l, n]. Mit ihnen kann ein in beträchtlichem Maße vorhandenes zweites Tautomeres nicht nachgewiesen werden. Die gleichen Bedenken gelten auch für *IR-spektroskopische Untersuchungen* [79a, f, g, h, k, m, n, p], die weiter unten ausführlich besprochen werden.
NMR-spektroskopische Untersuchungen zur Ring-Ketten-Tautomerie sind erst in jüngster Zeit bekanntgeworden: die Methylenprotonen der Benzoylpropionamide *94* bilden ein

AA'BB'-System, was für das Vorliegen von »R«-Isomeren spricht [79m]. In α,β-ungesättigten γ-Ketoamiden beweist die Kopplungskonstante für die olefinischen Protonen die schon auf Grund ausgedehnter chemischer Untersuchungen [79e] angenommene cyclische Struktur [79l]. NMR-Spektren von o-Acetylbenzamiden [79o] und o-Formylbenzamiden [79b] wurden kürzlich veröffentlicht.
Quantitativ sind Ketoamid-Tautomerie-Gleichgewichte bisher lediglich polarographisch untersucht worden [79d]. Die Ergebnisse dieser Arbeit sind mit unseren Befunden nicht in Übereinstimmung zu bringen.
Die untersuchten Verbindungen [82] sind im folgenden ungeachtet ihrer wirklichen Struktur als »R«-Isomere zusammengestellt:

89 a–c

90 a–c

91 a–c

92 a,b

93 a–c

94 a–c

95

96

97

98

a R=H
b $R=CH_3$
c R=Ø

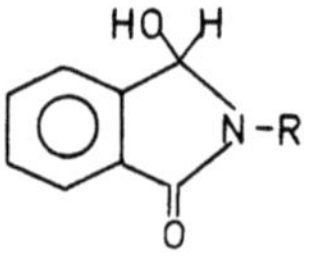

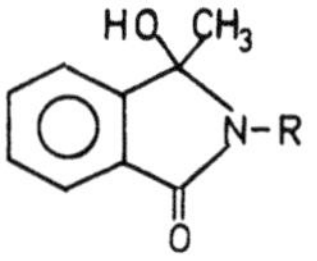

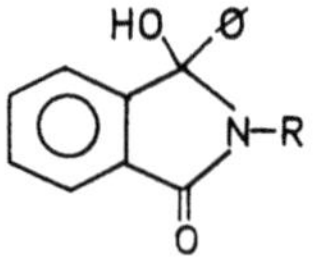

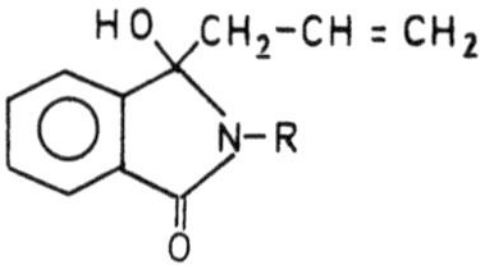

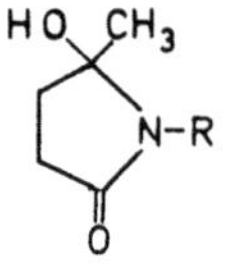

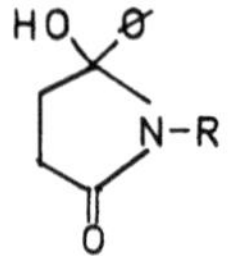

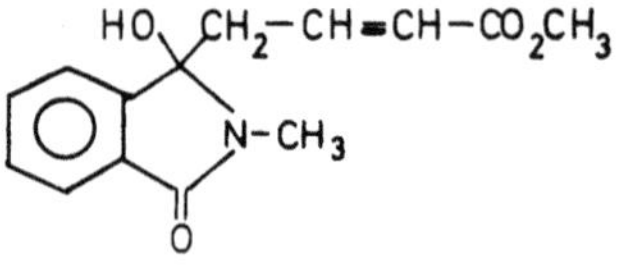

NMR-Spektren [82]

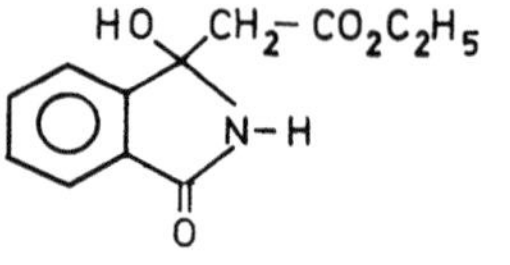

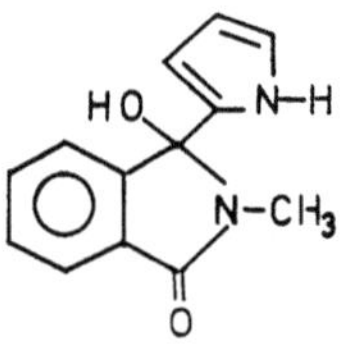

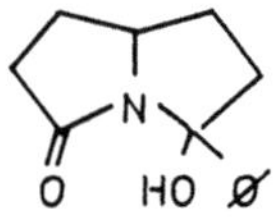

Für die kernresonanz-spektroskopischen Untersuchungen wurde DMSO-d_6 als Lösungsmittel ausgewählt, da hier die Austauschgeschwindigkeit der OH- und NH-Protonen wegen der starken Assoziation zum Solvens herabgesetzt ist. Man beobachtet daher Spin-Spin-Aufspaltungen bei OH-Protonen und relativ scharfe NH-Signale [81]. Die Lage der Signale ist zudem weitgehend konzentrationsunabhängig und damit auch stärker als in anderen Lösungsmitteln strukturspezifisch.

Tab. 16   NMR-Spektren 1-substituierter 1-Hydroxy-isoindolinone-3 in DMSO-d₆
(τ-Werte, Kopplungskonstanten in Hz; es sind nur die für die Ring-Ketten-Tautomerie wichtigen Signale angegeben)

	R	R'	—OH		
89a	H: 1,03	H: 4,00	3,52	$J_{H,-OH}$: 8,5	cyclisch
89b	CH₃: 7,00	H: 4,23	3,35	$J_{H,-OH}$: 9	cyclisch
89c		H: 3,43	3,08	$J_{H,-OH}$: 9	cyclisch
90a	H: 1,22	CH₃: 8,43	3,98		cyclisch
90b	CH₃: 7,05	CH₃: 8,38	3,70		cyclisch
90c		CH₃: 8,45	3,20		cyclisch
91a	H: 0,75		3,01		cyclisch
91b	CH₃: 7,23		2,94		cyclisch
91c	Signale bei τ = 2,0–3,0			Das NMR-Spektrum gestattet keine Aussagen über die Struktur	
92a	H: 1,15		3,01		cyclisch
92b	CH₃: 7,10		2,94		cyclisch
95	CH₃: 7,20		3,38		cyclisch
96	H: 1,19		3,44		cyclisch
97	CH₃: 7,18		3,12		cyclisch

Tab. 17   NMR-Spektren 1-substituierter 1-Hydroxy-pyrrolidone-5
(τ-Werte, Kopplungskonstanten in Hz; es sind nur die für die Ring-Ketten-Tautomerie wichtigen Signale aufgeführt)

	R	R'	OH	NH	—CH₂—CH₂—	
»K«-*93a*		CH₃: 7,93	–	3,30 2,74	7,2–7,7	offenkettig
»R«-*93a*		CH₃: 8,63	4,60	1,90	7,7–8,1	cyclisch
93b	CH₃: 7,39	CH₃: 8,65	4,34	–	7,7–8,2	cyclisch
93c		CH₃: 7,93 8,75	3,88	0,05	7,1–7,8 offenkettig 83,9% cyclisch 16,1%	
94a		C₆H₅: o 1,8–2,0 2,2–2,5	–	3,15 2,53	6,74 (t) 7,63 (t) J = 6	offenkettig
94b	CH₃: 7,55	C₆H₅: 2,55	3,53	–	7,5–7,9	cyclisch
94c	C₆H₅: 1,7–2,9		–	0,05	6,60 (t) 7,17 (t) J = 6	offenkettig

Den NMR-Spektren können folgende Informationen entnommen werden:

1. Die »R«-Form der Aldoamide *89* wird durch eine Kopplung des OH-Protons mit dem benachbarten CH-Atom (J = 8,5–9 Hz) bewiesen. »K«-Isomere sollten ein Signal für Aldehydprotonen bei τ = 0,5 zeigen, welches nie beobachtet wurde. Die OH-Signale aller Oxo-Amide, die in der »R«-Form vorliegen, finden sich bei τ = 2,9–4,6.

2. Amid-NH-Signale der cyclischen »R«-Formen liegen bei $\tau = 0{,}7–1{,}9$.

3. Die Signale für die N-Methylprotonen cyclischer Isomerer findet man bei $\tau = 7{,}0$ bis $7{,}6$.

4. Die Methylprotonen der Acetylgruppe tautomerer Ketoamide sind NMR-spektroskopisch unterscheidbar. Untersuchungen an Laevulinsäure [80b] und o-Acetylbenzoesäure [80f] lassen erwarten, daß die Signale für die Methylprotonen der »K«-Formen durch den Anisotropieeffekt der Carbonylgruppe gegenüber denen der »R«-Formen um etwa $\tau = 0{,}7$ nach tieferem Feld verschoben sind. Das wird auch bei den Ketoamiden beobachtet.

5. In offenkettigen aromatischen o-Ketoamiden sind die Signale für die der Carbonylgruppe benachbarten aromatischen Protonen um etwa $\tau = 0{,}2–0{,}4$ nach kleinerem Feld verschoben.

Die Geschwindigkeit der Tautomerisierung beeinflußt die NMR-spektroskopischen Untersuchungen in DMSO-d_6 nicht. Bei γ-Ketosäuren hingegen beobachtet man in einigen Fällen ein Zusammenfallen von Signalen, welches durch eine hohe Isomerisierungsgeschwindigkeit verursacht ist [80b, c, f]. Jedoch wird auch hier durch Assoziation zum Solvens DMSO die Geschwindigkeit so stark herabgedrückt, daß Signale für beide Tautomere beobachtet werden können [80f].

IR-Spektren [82]

Die Ketoamide wurden als Kaliumbromid-Preßlinge sowie gelöst in Dimethylsulfoxyd, Dioxan und Methylenchlorid vermessen. Die Konzentration der Amidsäure betrug 1,25%. Ein Vergleich der IR-Spektren mit den Ergebnissen, die aus den NMR-Spektren folgen, ist streng nur für DMSO als Lösungsmittel möglich. Die IR-Spektren in Kaliumbromid, Dioxan und Methylenchlorid unterscheiden sich jedoch von denen in Dimethylsulfoxyd so wenig, daß ein Lösungsmitteleinfluß auf die Ring-Ketten-Tautomerie bisher nicht angenommen werden kann. Eine starke Abhängigkeit tautomerer Gleichgewichte vom Lösungsmittel wurde bei o-Benzoyl-benzoesäuren [80e] gefunden, während o-Formyl-benzoesäure in einer großen Anzahl von Lösungsmitteln cyclisch vorliegt [80g]. Die IR-Spektren sind bezüglich der Beurteilung der Tautomeriegleichgewichte nur begrenzt verwertbar:

1. In Methylenchlorid sind die Valenzschwingungsbanden der OH-Gruppe (3560 bis 3580/cm), NH-Gruppe (3400–3430/cm) und NH_2-Gruppe (2 Maxima, 3520 und 3410/cm) gut zu unterscheiden. Jedoch sind einige Ketoamide für eine Untersuchung in diesem Lösungsmittel wegen der unzulänglichen Löslichkeit nicht geeignet. In Kaliumbromid, Dimethylsulfoxyd und Dioxan sind die OH- und NH-Banden durch Assoziation in ihrer Lage und Gestalt stark beeinflußt und nicht strukturspezifisch.

2. CO-Valenzschwingungsbanden eignen sich, was ihre Lage und Anzahl angeht, entgegen Literaturangaben nicht zur Untersuchung der Struktur der Ketoamide.

3. Verläßliche Aussagen sind bei einigen N-substituierten Ketoamiden mit Hilfe der »Amid-Bande II« möglich. Diese findet sich bei 1510–1550/cm und ist sehr intensiv. Ihre Abwesenheit bedeutet, daß die Verbindung ausschließlich in der »R«-Form vorliegt. Ist hingegen eine »Amid-Bande II« vorhanden, so kann sehr wohl ein neben der »K«-Form vorhandenes »R«-Isomeres übersehen werden. Die IR-Spektren bestätigen die Strukturzuordnungen, die auf Grund der NMR-Spektren getroffen wurden.

Strukturabhängigkeit

Es sind nun erstmalig Aussagen über die Strukturabhängigkeit der Tautomerie der γ-Ketoamide möglich. Dabei werden im folgenden den Ketoamiden zum Vergleich die entsprechenden Ketocarbonsäuren gegenübergestellt.

1. Alle untersuchten Hydroxy-Isoindolinone *(89–92, 95–97)* liegen ausschließlich in der cyclischen »R«-Form vor. Das gilt auch für *91c*, welches nach polarographischen Untersuchungen [79d] aus »R«- und »K«-Isomeren im Verhältnis 2:1 bestehen soll. Bei o-acylierten Benzoesäuren beobachtet man hingegen eine Abhängigkeit der Lage des Tautomeriegleichgewichtes von der Acylgruppe: o-Formyl-benzoesäure liegt in der »R«-Form [80d], o-Benzoyl-benzoesäure in der »K«-Form [80a, c] vor, während bei der o-Acetyl-benzoesäure beide Isomere beobachtet wurden [80c, f].

2. Bei den Laevulinsäureamiden beobachtet man eine zunehmende Tendenz zur Ringbildung mit steigender Nucleophilie des Stickstoffatoms. In *93c* liegen beide Tautomeren nebeneinander vor (»R« = 16%). *93a* und *93b* sind unter Gleichgewichtsbedingungen cyclisch.

Vom Laevulinsäureamid *93a* konnten beide tautomeren Formen präparativ erhalten werden. Dies ist das erste Beispiel einer Isolierung beider Tautomerer eines γ-Ketoamids. Die Isolierung des instabilen Isomeren bietet die Möglichkeit der Untersuchung der Isomerisierungsreaktion.

Die Laevulinsäure liegt im Gleichgewicht in beiden tautomeren Formen vor [80b].

Da beim Laevulinsäureanilid *93c* beide Tautomeren nebeneinander vorliegen, konnte das Gleichgewicht kernsubstituierter Laevulinsäureanilide quantitativ untersucht werden.

Tab. 18   Ring-Ketten-Tautomeriegleichgewichte substituierter Laevulinsäureanilide 99

R		% »R«	% »K«
H	0,00	16	84
m-CH$_3$	−0,07	23	77
p-CH$_3$	−0,17	27	73
m-OCH$_3$	+0,12	13	87
p-OCH$_3$	−0,27	46,5	53,5
m-Cl	0,37	9,3	90,7
p-Cl	0,23	0	100
m-NO$_2$	0,71	7,2	92,8
p-NO$_2$	0,78	0	100
o-OCH$_3$	–	< 5	> 95

Es besteht ein Zusammenhang zwischen der Lage des Gleichgewichtes und den Substituentenkonstanten σ^+ [9], wonach mit steigendem σ^+-Wert die cyclische Form im Gleichgewicht abnimmt ($\varrho = -0,8$). Beim Laevulinsäure-o-methoxy-anilid zeigt sich zudem ein ausgesprochen sterischer Effekt, der das offenkettige Isomere bevorzugt.

Tab. 19 NMR-Spektren N-substituierter Benzoyl-propionamide
(τ-Werte, Kopplungskonstanten in Hz; es sind nur für die Ring-Ketten-Tautomerie wichtige Signale aufgeführt)

R		N—H	N—R	OH	—CH$_2$—CH$_2$—	C$_6$H$_5$	
H	(»K«)	trans: 3,15 cis: 2,53	—	—	6,74 (t) 7,63 (t) $J = 6$ Hz	o: 1,8–2,0 m, p: 2,2–2,5	
CH$_3$	(»R«)	—	N—CH$_3$ 7,55	3,53	7,5–7,9 (m)	2,55 ein Signal	
C$_2$H$_5$	(»K«)	1,9–2,6	—CH$_2$— 6,95 —CH$_3$ 8,98 $J = 7,25$ Hz	—	6,74 (t) 7,50 (t) $J = 6,5$ Hz	o: 1,95–2,15 m, p: 2,4 –2,6	Kein Amid-Rotameres: nur ein —CH$_2$—CH$_3$-Triplett
i—C$_3$H$_7$	(»K«)	1,9–2,6	cis-CH: 8,62 trans-″: 6,5–7,2 cis-CH$_3$: 7,50 trans-″: 9,19	—	6,5–7,2	o: 1,9 –2,2 m, p: 2,4 –2,6	—CH$\diagup^{CH_3}_{\diagdown CH_3}$ $J = 6,5$ Hz; »trans« »cis« ≅ 5:4. Bei RT
	(»K«)	2,0–2,7 integriert	cis: 6,5 cis + trans: 8,0–9,0	—	6,78 (t) 7,53 (t)	o: 1,9 –2,2 m, p: 2,4 –2,7	
CH$_2$—C$_6$H$_5$	(»K«)	1,65 t ($J = 6$ Hz)	cis-CH$_2$—C$_6$H$_5$ 5,70 (d, 6 Hz) trans: 7,2–7,7 integriert	—	$J = 6,5$ Hz 6,72 (m) 7,42 (m)	o: 1,9 –2,2 m, p: 2,4 –2,7	

3. Benzoylpropionamide *94*, die des öfteren untersucht wurden [79 c, g, m, n], neigen stärker als Laevulinsäureamide zur Bildung offenkettiger Isomerer. Substituenten am Stickstoffatom beeinflussen das Tautomeriegleichgewicht in ähnlicher Weise wie bei Laevulinsäureamiden. Vor einer Verallgemeinerung muß aber gewarnt werden: obwohl *94 b* cyclisch ist, sind andere N-alkylierte β-Benzoyl-propionamide offenkettig. IR-spektroskopische Untersuchungen hierzu [79 g, n] haben wir NMR-spektroskopisch bestätigen können.

Aus den NMR-Spektren ist ersichtlich, daß bei den »K«-Formen der untersuchten β-Benzoyl-propionamide eine Hinderung der freien Drehbarkeit an der CN-Bindung der Amid-Gruppe stattfindet, die die Auswertung der NMR-Spektren kompliziert.

β-Benzoyl-propionsäure ist nach dem IR-Spektrum offenkettig.

4. *98* liegt ausschließlich in der offenkettigen Form vor. Über die Ring-Ketten-Tautomerie von Ketosäuren unter Einbeziehung bicyclischer Tautomerer wurde kürzlich berichtet [83].

E. Acylimine

Das Resonanzsystem

Acylimine XL lassen sich durch folgende Grenzformen beschreiben:

Das n-Elektronenpaar des Stickstoffatoms ist an der Resonanz des Funktionssystems nicht beteiligt, da es in der Ebene des Resonanzsystems liegt. Die Reaktion mit einem Nucleophil, die normalerweise leichter an einer CO- als an einer CN-Doppelbindung erfolgt, kann hier an der durch die Carbonylgruppe aktivierten CN-Doppelbindung stattfinden. Tatsächlich beobachtet man bei Acylimoniumsalzen nucleophile Reaktionen an der CO- und CN-Doppelbindung.

Acylimine bilden stabile Salze. Eine Protonierung erfolgt am freien Elektronenpaar des Stickstoffatoms. Durch die Salzbildung wird die Resonanz im Acyliminsystem nicht grundlegend geändert. Acylimoniumsalze sind stabiler als ihre Basen.

Offenkettige Acylimine entstehen aus Iminen durch Acylierung [84]. Auf diese Weise wurden bisher lediglich Verbindungen mit stabilisierenden aromatischen Resten dargestellt, die für eine Untersuchung des Funktionssystems wenig geeignet sind.

Die folgenden Verbindungen enthalten die Acylimingruppe gelegentlich in einem ausgedehnteren Resonanzsystem:

Synthesen

1. Acylimoniumsalze können durch Dehydratisierung aus Hydroxy-Laktamen erhalten werden. Einen ersten Hinweis auf diese Reaktion erhält man, wenn man die UV-Spektren dieser Verbindungen in Alkohol mit denen in konzentrierter Schwefelsäure vergleicht. An den Verbindungen *89–94* konnte gezeigt werden, daß Isoindolinacylimine XLII intensive Banden bei 390 mμ (lg ε = 4) und Pyrrolidinacylimine XLIII Maxima bei 300 mμ (lg ε = 4) geben [94]. Acylimoniumsalze ohne konjugationsfähige Gruppe *(93a, 93b)* absorbieren bei 260 mμ.

Die Acylimoniumsalze *108* und *109* konnten aus den Ketoamiden mit Bortrifluoridätherat, Perchlorsäure oder Antimonpentachlorid erhalten werden. Die UV-Spektren dieser Salze sind mit denen der Ketoamide in konzentrierter Schwefelsäure identisch. Man kann also annehmen, daß γ-Ketoamide in konzentrierter Schwefelsäure als Acylimoniumsalze vorliegen. Jedoch ist diese Annahme nicht eindeutig bewiesen, wie im folgenden gezeigt wird.

2. Bei der Protonierung von Enamiden sollten ebenfalls Acylimoniumsalze entstehen:

Eine spektroskopische Untersuchung der Lösungen von Enamiden in konzentrierter Schwefelsäure und Trifluoressigsäure ergab jedoch, daß die O-Protonierung der Amidcarbonylgruppe gegenüber der C-Protonierung bevorzugt ist (Seite 35). Analoge Protonierungsweisen wurden auch bei β-Enamido-carbonestern (Seite 6, 19, 35) nachgewiesen. Die C-Protonierung dieser Verbindungen folgt aus dem H/D-Austausch (Seite 36, Tab. 14), und es muß angenommen werden, daß diese Reaktion mit beträchtlicher Geschwindigkeit verläuft.

Die Dehydratisierung der γ-Hydroxylaktame in konzentrierter Schwefelsäure muß demnach nicht unbedingt zu Acylimoniumsalzen führen. Primärprodukte der Reaktion könnten Enamide sein, die dann durch die Schwefelsäure am Sauerstoffatom protoniert würden.

3. Enamide, die in β-Stellung zum Stickstoffatom keinen Substituenten tragen, sind hier einem elektrophilen Angriff zugänglich. 1-Methylen-isoindoline *110* reagieren mit p-Dimethylamino-benzaldehyd in einer Ehrlich-Reaktion [74, 77] zu vinylogen Acylimoniumsalzen *111*:

Auch bei der Vilsmeyer-Reaktion [74] von *110* sind intermediär Acylimine anzunehmen.

Die Acylimoniumsalze *111* sind vinyloge Acylimine, die unter dem Einfluß der Dimethylamino-Gruppe zusätzlich den Charakter eines Polymethin-Farbstoffes haben. Sie sind daher für einfache Acylimine nicht repräsentativ. Trotzdem sind sie geeignet, den Einfluß der Salzbildung auf Acylimine zu untersuchen, da sich hier (*111*, R=H) in Abhängigkeit vom pH-Wert das folgende Gleichgewicht einstellt [77]:

violett   grün   farblos

$R' = $ —⟨ ⟩— $N(CH_3)_2$

4. Die Darstellung der Acylimine gelingt durch Abspaltung von Halogen-Wasserstoff aus – Halogenamiden XLIV.

XLIV

49

Intermediäre bei chemischen Reaktionen

Die Dehydratisierung der γ-Ketoamide führt zu Enamiden. Die Reaktion ist säurekatalysiert. Der Mechanismus wurde im Zusammenhang mit der Stereochemie der Reaktion auf Seite 00 behandelt. Hier seien noch einige präparative Beispiele für die Säurekatalyse angeführt.

112

113

75 kann nicht durch Erhitzen [46], mit Bortrifluorid oder Mineralsäure aber schon bei Raumtemperatur [66] dehydratisiert werden. *92b* lagert sich thermisch in das Isomere *112* um [95]. Die Dehydratisierung gelingt leicht durch Mineralsäuren. Eine der Bildung von *112* entsprechende Isomerisierung beobachtet man bei der Umsetzung von N-Methylglutarimid mit Allyl-magnesiumbromid [96].
1-Methyl-2-hydroxy-2-äthoxycarbonylmethyl-isoindolinon-3 *(113)* ist in Abwesenheit von Säure bis zum Siedepunkt stabil [97]. Eine Wasserabspaltung gelingt auch hier schon bei Raumtemperatur durch Mineralsäuren.
γ-Ketoamide reagieren mit Alkohol in einer säurekatalysierten Reaktion [79i] zu Laktamol-äthern. Die Verbindung *114* kann aus o-Benzoyl-benzamid sowohl säurekatalysiert direkt als auch über das isolierte Acylimoniumsalz erhalten werden. Mit Anilin entsteht aus dem Acylimoniumsalz das Aminal *115*.

Über die Bedeutung der Acylimoniumsalze bei der Isomerisierung thermodynamisch instabiler, am Stickstoffatom unsubstituierter Enamide wurde bereits auf Seite 35 berichtet [66].
Das gleiche gilt für die Reaktion von zwei Molekülen Triphenylphosphin-äthoxycarbonylmethylen mit N-unsubstituierten Imiden (Seite 30) [66]. Acylimoniumsalze, zum Beispiel *108*, reagieren mit Wittig-Verbindungen zu zwei isomeren 1:1-Addukten, die noch den Triphenylphosphinrest enthalten. Wahrscheinlich ist das Wittig-Reagens durch das Acylimin acyliert worden.
Acylimine sind Intermediäre bei der anomalen Reformatzki-Reaktion [56] (Seite 23) und der Umsetzung der Imide mit überschüssigem Grignard-Reagens (Seite 19).

In der Literatur werden bei den folgenden Reaktionen intermediär Acylimine angenommen:

1. Die Umsetzung von Nitrilestern nach Reformatzki [98] sowie mit Grignard-Verbindungen [99].
2. Die Reissert-Synthese [100].
3. Amidoalkylierungen, über die kürzlich zusammenfassend berichtet wurde [44].
4. Die Umsetzung von Enamiden mit nucleophilen Reagentien [101], für die ein Beispiel gegeben sei:

5. Die Bestrahlung des Anazids *116* zum Enamid *117* [102].

Diese Beispiele zeigen die Bedeutung der Acylimine für den Ablauf vieler chemischer Reaktionen. Die Zwischenstufe ist in den meisten Fällen noch nicht bewiesen, jedoch wird durch die Vielzahl der angegebenen Reaktionen der Möglichkeit eines solchen Intermediären ein hoher Grad an Wahrscheinlichkeit zukommen.

Substituenteneinflüsse

Eine Diskussion der Eigenschaften der Acylimine und ihrer Salze soll im folgenden an Hand der Formeln XLV erfolgen.

XLV   XLVa

1. Struktureinflüsse der Substituenten *R*.
    a) Imidähnliche Systeme (XLV, R=OR und NR$_2$, s. Seite 25) sind sehr reaktionsfähig und werden gern für Synthesen, z. B. von Porphinen und Corrinen, verwendet.
    b) Konjugationsfähige Substituenten *R* (z. B. die p-Dimethylaminophenyläthylengruppe, Seite 49) können so sehr zur Stabilisierung des Systems beitragen, daß Acylimin XLV und Acylimoniumsalz XLVa isolierbar sind.
2. Struktureinflüsse der Substituenten *R'*.
Durch Salzbildung, die – wie die UV-Spektren zeigen – immer am Stickstoffatom

des Acylimins erfolgt, findet eine beträchtliche Stabilisierung des Systems statt. Ähnliches wurde am Aza-phenylenon [89] beobachtet.
3. Struktureinflüsse der Substituenten X.
Bei den meisten bisher diskutierten Verbindungen ist $X = O$. Eine Ausnahme bilden die Zwischenprodukte der anomalen Reformatzki-Reaktion (Seite 23).
4. Struktureinflüsse der Substituenten R''.
Allgemein kann angenommen werden, daß konjugationsfähige Substituenten R'' Acylimine stabilisieren. Dies folgt aus einem Vergleich des sterischen Ablaufs der Dehydratisierung der Hydroxylaktame sowie aus Untersuchungen des sterischen Ablaufs der Umsetzung von Phthalimid und Succinimid mit Triphenylphosphin-äthoxycarbonylmethylen (Seite 36).

Einen Hinweis auf die geringe Stabilität des Acyliminsystems erhält man bei der Betrachtung von Reaktionen, die Verbindungen eingehen, bei denen die Acylimingruppe in ein ausgedehnteres Funktionssystem eingebettet ist. Meist sind tautomere Funktionsgruppen, die kein Acyliminsystem enthalten, stabiler [91].

Die Chemie der Acylimine ist noch in den Anfängen. Es fehlen vor allem Untersuchungen über die Reaktionen der Acylimine mit Nucleophilen und über Cycloadditionen [104]. Es fehlen ferner Untersuchungen über den Mechanismus von Reaktionen mit Acyliminen als Zwischenstufe. Ziel derartiger Untersuchungen wäre die Möglichkeit, eine Reihe chemischer Reaktionen, die verschiedenartigster Natur sind, unter einem gemeinsamen theoretischen Gesichtswinkel zu behandeln.

Literaturverzeichnis

[1] Übersicht: FLITSCH, W., Liebigs Ann. Chem. **684**, 141 (1965).
[2] HEIDENBLUTH, K., und R. SCHEFFLER, J. prakt. Chem. (4) **23**, 59 (1964).
[3] a) LUKEŠ, R., Collect. czechoslov. chem. Commun. **4**, 81 (1932) = C **1932**, I, 3062;
   b) LUKEŠ, R., und K. SMOLEK, Collect. czechoslov. chem. Commun. **7**, 476 (1935) = C **1936**, I, 2081;
   LUKEŠ, R., und Mitarbeiter, Chem. Listy **22**, 1 (1928) = CA **22**, 1773 (1928); Collect. czechoslov. chem. Commun. **4**, 81 (1932) = CA **26**, 3253 (1932);
   PREUCIL, J., Collect. czechoslov. chem. Commun. **7**, 482 (1935) = CA **30**, 1785 (1936);
   ŠORM, F., Collect. czechoslov. chem. Commun. **12**, 637 (1947) = CA **42**, 5911 (1948).
[4] TROTTER, J., Chem. Commun. **1970**, 778.
[5] FLITSCH, W., Habilitationsschrift, Münster 1962.
[6] a) LEE, C. M., und W. D. KUMLER, J. Amer. chem. Soc. **83**, 4586 (1961); **84**, 571 (1962);
   b) UNO, T., und K. MACHIDA, Bull. chem. Soc. Japan **36**, 427 (1963) = C **1964**, Nr. 8, S. 67; Nr. 33, S. 63, 64;
   c) TOTH, G., und I. GABOR, Acta Chim. (Budapest) **64**, 101 (1970) = CA **72**, 120904 (1970).
[7] FAYAT, C., und A. FOUCAUD, C. R. hebd. Séances Acad. Sci. **265**, 345 (1967); UNO, T., und K. MACHIDA, Bull. chem. Soc. Jap. **34**, 545 (1961); UNO, T., und K. MACHIDA, Bull. chem. Soc. Jap. **34**, 551 (1961).
[8] FLITSCH, W., Chem. Ber. **94**, 2494 (1961).

[9] TAFT, R. W., in M. S. NEWMAN, Steric Effects in Organic Chemistry, J. Wiley and Sons, N. J. 1956, Kap. 12; KOSWER, E. M., An Introduction to Physical Organic Chemistry, J. Wiley and Sons, N. J. 1968, S. 49.
[10] a) FLITSCH, W., Chem. Ber. **97**, 1548 (1964);
b) HALL, H. K., und R. ZBINDEN, J. Amer. chem. Soc. **80**, 6428 (1958).
[11] FAYAT, C., und A. FOUCAUD, C. R. hebd. Séances Acad. Sci. **261**, 4018 (1965) = CA **64**, 6449 (1966).
[12] LEY, H., und W. FISCHER, Ber. dtsch. chem. Ges.**46**, 327 (1913).
[13] HALL, H. K., M. K. BRANDT und R. M. MASON, J. Amer. Chem. Soc. **80**, 6420 (1958).
[14] TURNER, D. W., J. chem. Soc. (London) C **1957**, 4555.
[15] MICHEEL, F., und H. ALBERTS, Liebigs Ann. Chem. **581**, 225 (1953).
[16] SSARSHEWSKI, A. M., Ber. Akad. Wiss. Belornss. SSR **5**, 249–52, C 1963, 10030.
[17] BARNARD, R. A. B., Canad. J. Chem. **42**, 744 (1964).
[18] FOUCAUD, A., und R. ROUDAUT, C. R. hebd. Séances Acad. Sci. **266**, 726 (1968).
[19] BENTLEY, T. W., und R. A. W. JOHNSTONE, J. chem. Soc. (London) C **1968**, 2354.
[20] DUFFIELD, A. M., H. BUDZIKIEWIZ und V. DJERASSY, J. Amer. chem. Soc. **87**, 2913 (1965).
[21] NEMECKOWA, A., M. MATUROWA, M. PERGAL und F. SANTAVY, Collect. czechoslov. chem. Commun. **26**, 2749 (1961).
[22] HIRAYAMA, M., Bull. chem. Soc. Japan **40**, 1557 (1967).
[23] GIBSON, M. S., und R. W. BRADSHAW, Angew. Chem. **80**, 986 (1968).
[24] FLITSCH, W., Chem. Ber. **97**, 1542 (1964).
[25] FLITSCH, W., und R. HEIDHUES, Z. Naturforsch. **21 b**, 1137 (1966).
[26] EBNÖTHER, A., E. JUCKER, E. RISSI, J. RUTSCHMANN, E. SCHREIER, R. STEINER, R. SUESS, A. VOGEL, Helv. chim. Acta **42**, 2370 (1959);
TESTA, E., und L. FONTANELLA, G. F. CRISTIANI, L. MARIANI, Helv. chim. Acta **42**, 2370 (1959).
[27] SKURATOVSKAJA, T. N., D. F. MIRONOVA und G. F. DVORHO, Ukr. Khem. Zh. **35**, 947 (1969) = CA **72**, 2837p (1970).
[28] FLITSCH, W., und U. KRÄMER, Unveröffentlichte Versuche.
[29] a) DABARD, R., und J. TIROUFLET, Bull. Soc. chim. France **1957**, 565;
b) HALL, H. K., M. K. BRANDT und R. M. MASON, J. Amer. chem. Soc. **80**, 6420 (1958).
c) EDWARD, J. T., und K. A. TERRY, J. chem. Soc. (London) C **1957**, 3527.
d) MIOLATI, A., und Mitarbeiter, Atti reale Acad. nazi. Lincei Rend. (5) **3**, 515, 597 (1894).
[30] FLITSCH, W., Chem. Ber. **94**, 2495 (1961).
[31] BROWN, H. C., J. H. BREWSTER und H. SHECHTER, J. Amer. chem. Soc. **76**, 467 (1954).
[32] BENDER, M. L., Chem. Reviews **60**, 53 (1960).
[33] BAMFORD, P. G. H., und H. C. BAMFORD, J. chem. Soc. (London) C **1958**, 355.
[34] PRACEJUS, H., und A. TILLE, Chem. Ber. **96**, 854 (1963).
[35] MICHEEL, F., und W. FLITSCH, Chem. Ber. **89**, 129 (1956).
[36] FLITSCH, W., Chem. Ber., im Druck.
[37] FLITSCH, W., und R. HEIDHUES, Z. Naturforsch. **21 b**, 1137 (1966).
[38] LUKEŠ, R., und M. CERNY, Chem. Listy **51**, 1862 (1957) = CA **52**, 4632 (1958).
[39] SACHS, F., und A. LUDWIG, Ber. dtsch. chem. Ges. **37**, 385 (1904); SACHS, F., F. v. WOLFF und A. LUDWIG' Ber. dtsch. chem. Ges. **37**, 3252 (1904); COBB, P. H., und G. P. FULLER, J. Amer. chem. Soc. **45**, 605 (1911).
[40] LUKEŠ, R., und V. PRELOG, Chem. Listy **22**, 244 (1928) = CA **23**, 1408 (1929).
[41] LUKEŠ, R., Collect. czechoslov. chem. Commun. **4**, 181 (1932) = CA **26**, 4328 (1932).
[42] BEIS, C., C. R. hebd. Séances Acad. Sci. **143**, 430–32.
[43] HEIDENBLUTH, K. H., H. TÖNJES und R. SCHEFFLER, J. prakt. Chem. (4) **30**, 204 (1965).
[44] ZAUGG, H. E., Synthesis **2**, 70 (1970).
[45] MICHEEL, F., und W. FLITSCH, Chem. Ber. **94**, 1749 (1961).
[46] FLITSCH, W., und V. v. WEISSENBORN, Chem. Ber. **99**, 3444 (1966).

[47] SPIELBERGER, G., in: Methoden der organischen Chemie (HOUBEN-WEYL), 4. Aufl., Bd. XI/1, S. 80; G. Thieme, Stuttgart 1957.
[48] BOISSONNAS, R. A., Advances org. Chem. Bd. **3**, 179 (1963).
[49] BARBER, H. J., und W. R. WRAGG, J. chem. Soc. (London) C 1947, 1331.
[50] FLITSCH, W., und H. PETERS, Angew. Chem. **79**, 149 (1967).
[51] BESTMANN, H. J., Angew. Chem. **77**, 652 (1965); CHOPARD, P. A., R. J. G. SEARLE und F. H. DEVITT, J. org. Chemistry **30**, 1015 (1965).
[52] CHOPARD, P. A., Tetrahedron Letters (London) **1965**, 2357; GERCHA, A. P., Tetrahedron Letters (London) **1969**, 4171.
[53] FLITSCH, W., und H. PETERS, Tetrahedron Letters (London) **1969**, 1161.
[54] FLITSCH, W., und H. BARTFELD, Unveröffentlichte Versuche; BARTFELD, H., Diplomarbeit, Münster 1969.
[55] GADREAU, C., und A. FOUCAUD, C. R. hebd. Séances Acad. Sci. **270**, 1430 (1970).
[56] FLITSCH, W., und H. PETERS, Tetrahedron Letters (London) **1968**, 1475.
[57] ELVIDGE, J. A., und R. P. LINSTERD, J. chem. Soc. (London) C **1954**, 442.
[58] HÜNIG, S., Angew. Chem. **76**, 403 (1964).
[59] COMSTOCK, W. J., und H. L. WHEELER, J. Amer. chem. Soc. **13**, 522 (1891).
[60] HELLER, G., und P. JACOBSON, Ber. dtsch. chem. Ges. **54**, 1113 (1921).
[61] FLITSCH, W., und E. GERSTMANN, Unveröffentlichte Versuche; GERSTMANN, E., Diplomarbeit, Münster 1965; ARMAREGO, W. L. F., und S. C. SHARUN, J. chem. Soc. (London) C **1970**, 1600.
[62] FLITSCH, W., und H. PETERS, Chem. Ber. **102**, 1304 (1969).
[63] SZMUSZKOVICZ, J., Advances org. Chem. Bd. **4**, S. 1 (1963).
[64] OPITZ, G., und H. W. SCHUBERT, Angew. Chem. **70**, 247 (1958).
[65] LUKEŠ, R., und Mitarbeiter, Collect. czechoslov. chem. Commun. **4**, 81 (1932); **7**, 482 (1935) = CA **30**, 1785 (1936).
[66] FLITSCH, W., und H. PETERS, Chem. Ber. **103**, 805 (1970).
[67] a) REIMLINGER, H., und C. H. MOUSSEBOIS, Chem. Ber. **98**, 1805 (1965);
b) DOLFINI, J. E., J. org. Chemistry **30**, 1298 (1965);
c) WINTERFELDT, E., und H. PREUSS, Angew. Chem. **77**, 679 (1965), Chem. Ber. **99**, 450 (1966);
d) HUISGEN, R., K. HERBIG, A. SIEGL und H. HUBER, Chem. Ber. **99**, 2526 (1966);
e) HERBIG, K., R. HUISGEN und H. HUBER, Chem. Ber. **99**, 2546 (1966);
f) TRUCE, W. E., und D. G. BRADY, J. org. Chemistry **31**, 3543 (1966);
g) MCMULLEN, C. H., und C. J. M. STIRLING, J. chem. Soc. (London) **B 1966**, 1217.
[68] GUROWITZ, W. D., und M. A. JOSEPH, Tetrahedron Letters (London) **1965**, 4433; GUROWITZ, W. D., und M. A. JOSEPH, J. org. Chemistry **32**, 3289 (1967); KUEHNE, M. E., und T. GARBACIK, J. org. Chemistry **35**, 1555 (1970).
[69] BELLAMY, L. J., Ultrarotspektren u. chem. Konstitution, S. 33ff., Verlag D. Steinkopf, Darmstadt 1966.
[70] OSTERCAMP, D. L., J. org. Chemistry **35**, 1632 (1970).
[71] ELIEL, E. L., Stereochemistry of Carbon Compounds, McGraw Hill, N. J. 1962, S. 337 u. f.
[72] ALT, G. A., Enamines: Syntheses, Structure and Reactions, herausgegeben von A. G. Cook, M. Dekker, New York 1969, S. 117ff.
[73] TAYLOR, P. J., Spectrochim. Acta **26 A**, 153 (1970).
[74] MÜLLER, H. R., und M. SEEFELDER, Liebigs Ann. Chem. **728**, 88 (1969).
[75] z. B.: HALONEN, E. A., Acta chem. scand. **9**, 1492 (1955).
[76] cit.: 69, Kap. 2.8.
[77] BARTFELD, H. D., W. FLITSCH und H. PETERS, Tetrahedron Letters (London) **1970**, 757.
[78] ARMAREGO, W. L. F., Chem. Commun. **1969**, 146.
[79] a) JONES, P. R., Chem. Reviews **63**, 471 (1963);
b) MEYER, H., Mh. Chem. **28**, 1211 (1907);
c) WALTON, E., J. chem. Soc. (London) C **1940**, 438;

- d) WAWZONEK, S., H. A. LAITINEN und S. J. KWIATKOWSKI, J. Amer. chem. Soc. **66**, 830 (1944);
- e) LUTZ, R. E., und F. B. HILL jr., J. org. Chemistry **6**, 175 (1947);
- f) JOCELYN, P. C., und A. QUEEN, J. chem. Soc. (London) C **1957**, 4437;
- g) CROMWELL, N. H., und K. E. COOK, J. Amer. chem. Soc. **80**, 4573 (1958);
- h) SCHULTE, K. E., und J. REISCH, Arch. Pharmaz. **292**, 125 (1959);
- i) GRAF, W., E. GIROD, E. SCHMIDT und W. G. STOLL, Helv. chim. Acta **42**, 1085 (1959);
- k) LUKEŠ, R., und Z. LINHARTOVA, Collect. czech. chem. Commun. **25**, 502 (1960), C **1961**, 8286;
- l) QUEEN, A., und A. REIPAS, J. chem. Soc. (London) C **1967**, 245;
- m) CHIRON, R., und Y. GRAFF, Bull. Soc. chim. France, **1967**, 3715;
- n) LAURENCE, C., und R. CHIRON, C. R. hebd. Seances Acad. Sci, **268**, 279 (1969);
- o) MÜLLER, H. R., und M. SEEFELDER, Liebigs Ann. Chem. **728**, 88 (1969);
- p) MCALEES, A. J., und R. MCCRINDLE, J. chem. Soc. (London) C **1969**, 2425.

[80]
- a) NEWMANN, M. S., J. Amer. chem. Soc. **73**, 4627 (1951);
- b) PASCUAL, C., D. WEGMANN, U. GRAF, R. SCHEFFOLD, P. F. SOMMER und W. SIMON, Helv. chim. Acta **47**, 213 (1967);
- c) JONES, P. R., und P. J. DESIO, J. org. Chemistry **30**, 4293 (1965);
- d) WINSTON, A., J. P. M. BEDERKA, W. G. ISNER, P. C. JULIANO und J. C. SHARP, J. org. Chemistry **30**, 2784 (1965); WINSTON, A., J. C. SHARP, K. E. ATKINS und D. E. BATTICE, J. org. Chemistry **32**, 2166 (1967);
- e) BHATT, M. V., und K. M. KAMATH, Tetrahedron Letters (London) **1966**, 3885;
- f) FINKELSTEIN, J., T. WILLIAMS, V. TOOME und S. TRAIMAN, J. org. Chemistry **32**, 3229 (1967);
- g) KAGAN, J., J. org. Chemistry **32**, 4060 (1967).

[81] MARTIN, D., A. WEISE und H.-J. NICLAS, Angew. Chem. **79**, 342 (1967); BUTLER, R. N., J. chem. Soc. (London) **B 1969**, 680.

[82] FLITSCH, W., Chem. Ber. **103**, 3205 (1970).

[83] BRITTEN, A. Z., W. S. OWEN und C. W. WENT, Tetrahedron Letters (London) **25**, 3157 (1969).

[84] HENG SUEN, A. HOREAU und H. B. KAGAN, Bull. Soc. chim. France **1965**, 1454–1463; BANFILE, J. E., F. M. BROWN, F. H. DAVEY, W. DAVIES und T. H. RAMSAY, Austr. J. Soc. Res. **A 1**, 330 (1948) = CA 1952, **46**, 5558.

[85] FELNER, J., und K. SCHENKER, Helv. chim. Acta **52**, 1810 (1969).

[86] KURIHARA, M., J. org. Chemistry 34, 2123 (1969).

[87] HAGIWARA, Y., M. KURIHARA und N. YODA, Tetrahedron (London) **25**, 783 (1969).

[88] TAYLOR, P. J., Spectrochim. Acta **26 A**, 153 (1970).

[89] WARSHAWSKI, A., und D. BEN ISHAI, J. heterocycl. Chem. **6**, 681 (1969).

[90] WEYGAND, F., W. STEGLICH, T. LENGYEL, F. FRAMBERGER, A. MAIERHOFER und W. OETTMEIER, Chem. Ber. **99**, 1944 (1966).

[91] SAMARAJ, L. J., O. W. WISCHNEWSKY, G. I. DERKATSCH und H. HOLTSCHMIDT, Chem. Ber. **102**, 2972 (1969).

[92] GROHE, K., E. DEGENER, G. SIMCHEN und H. SORKERT, Liebigs Ann. Chem. **730**, 133 (1969).

[93] BREDERECK, Chem. Ber. **103**, 245 (1970).

[94] Siehe dazu auch cit. 76i, S. 1091.

[95] FLITSCH, W., Liebigs Ann. Chem. **684**, 141 (1965).

[96] LUKEŠ, R., und M. CERNY, Collect. czechoslov. chem. Commun. **24**, 3596 (1959) = CA **54**, 5643 (1960).

[97] LUKEŠ, R., und F. ŠORM, Collect. czechoslov. chem. Commun. **12**, 637 (1947); CA **42**, 5911 f. (1948).

[98] HOREAU, A., Bull. Soc. chim. France **1947**, 58; LAPIN, H., V. ARSENIJEVIC, und A. HOREAU, **1960**, 1700; LAPIN, H., und A. HOREAU, 1703; ARSENIJEVIC, L., und V. ARSENIJEVIC, **1968**, 4943.

[100] Mosettig, E., Org. Reactions **8**, 220 (1954). – Acylimoniumsalze sind auch bei der Acylierung von Dicarbonylverbindungen mit Pyrridin intermediär nachgewiesen worden: Kröper, H., in: Houben-Weyl-Müller, **6/2**, 667 (1963).

[101] a) Felner, I., A. Fischli, A. Wide, M. Pesaro, D. Bormann, E. L. Winnacker und A. Eschenmoser, Angew. Chem. **79**, 863 (1967).

b) Armarego, W. L. F., J. chem. Soc. (London) C **1969**, 986.

[102] Vogel, E., R. Erb, G. Lenz und A. A. Bothner-By, Liebigs Ann. Chem. **682**, 1 (1965); Brown, I., O. E. Edwards, J. M. McIntosh und D. Vocelle, Canad. J. Chem. **47**, 2751 (1969).

Forschungsberichte des Landes Nordrhein-Westfalen

Herausgegeben im Auftrage des Ministerpräsidenten Heinz Kühn
vom Minister für Wissenschaft und Forschung Johannes Rau

Sachgruppenverzeichnis

Acetylen · Schweißtechnik
Acetylene · Welding gracitice
Acétylène · Technique du soudage
Acetileno · Técnica de la soldadura
Ацетилен и техника сварки

Arbeitswissenschaft
Labor science
Science du travail
Trabajo científico
Вопросы трудового процесса

Bau · Steine · Erden
Constructure · Construction material ·
Soilresearch
Construction · Matériaux de construction ·
Recherche souterraine
La construcción · Materiales de construcción ·
Reconocimiento del suelo
Строительство и строительные материалы

Bergbau
Mining
Exploitation des mines
Minería
Горное дело

Biologie
Biology
Biologie
Biologia
Биология

Chemie
Chemistry
Chimie
Quimica
Химия

Druck · Farbe · Papier · Photographie
Printing · Color · Paper · Photography
Imprimerie · Couleur · Papier · Photographie
Artes gráficas · Color · Papel · Fotografía
Типография · Краски · Бумага · Фотография

Eisenverarbeitende Industrie
Metal working industry
Industrie du fer
Industria del hierro
Металлообрабатывающая промышленность

Elektrotechnik · Optik
Electrotechnology · Optics
Electrotechnique · Optique
Electrotécnica · Optica
Электротехника и оптика

Energiewirtschaft
Power economy
Energie
Energía
Энергетическое хозяйство

Fahrzeugbau · Gasmotoren
Vehicle construction · Engines
Construction de véhicules · Moteurs
Construcción de vehículos · Motores
Производство транспортных средств

Fertigung
Fabrication
Fabrication
Fabricación
Производство

Funktechnik · Astronomie
Radio engineering · Astronomy
Radiotechnique · Astronomie
Radiotécnica · Astronomía
Радиотехника и астрономия

Gaswirtschaft
Gas economy
Gaz
Gas
Газовое хозяйство

Holzbearbeitung
Wood working
Travail du bois
Trabajo de la madera
Деревообработка

Hüttenwesen · Werkstoffkunde
Metallurgy · Materials research
Métallurgie · Matériaux
Metalurgia · Materiales
Металлургия и материаловедение

Kunststoffe
Plastics
Plastiques
Plásticos
Пластмассы

Luftfahrt · Flugwissenschaft
Aeronautics · Aviation
Aéronautique · Aviation
Aeronáutica · Aviación
Авиация

Luftreinhaltung
Air-cleaning
Purification de l'air
Purificación del aire
Очищение воздуха

Maschinenbau
Machinery
Construction mécanique
Construcción de máquinas
Машиностроительство

Mathematik
Mathematics
Mathématiques
Matemáticas
Математика

Medizin · Pharmakologie
Medicine · Pharmacology
Médecine · Pharmacologie
Medicina · Farmacología
Медицина и фармакология

NE-Metalle
Non-ferrous metal
Metal non ferreux
Metal no ferroso
Цветные металлы

Physik
Physics
Physique
Física
Физика

Rationalisierung
Rationalizing
Rationalisation
Racionalización
Рационализация

Schall · Ultraschall
Sound · Ultrasonics
Son · Ultra-son
Sonido · Ultrasónico
Звук и ультразвук

Schiffahrt
Navigation
Navigation
Navegación
Судоходство

Textilforschung
Textile research
Textiles
Textil
Вопросы текстильной промышленности

Turbinen
Turbines
Turbines
Turbinas
Турбины

Verkehr
Traffic
Trafic
Tráfico
Транспорт

Wirtschaftswissenschaften
Political economy
Economie politique
Ciencias económicas
Экономические науки

Einzelverzeichnis der Sachgruppen bitte anfordern

Springer Fachmedien Wiesbaden GmbH

MIX
Papier aus verantwortungsvollen Quellen
Paper from responsible sources
FSC® C105338

If you have any concerns about our products,
you can contact us on
ProductSafety@springernature.com

In case Publisher is established outside the EU,
the EU authorized representative is:
**Springer Nature Customer Service Center GmbH
Europaplatz 3, 69115 Heidelberg, Germany**

Printed by Libri Plureos GmbH
in Hamburg, Germany